穷忙

是你不懂梳理人生

小川叔◎著

天地出版社 | TIANDI PRESS

图书在版编目（CIP）数据

穷忙，是你不懂梳理人生 / 小川叔著. — 成都：天地出版社，2019.11

ISBN 978-7-5455-5258-4

Ⅰ.①穷… Ⅱ.①小… Ⅲ.①人生哲学–通俗读物 Ⅳ.①B821-49

中国版本图书馆CIP数据核字（2019）第206989号

QIONGMANG, SHI NI BUDONG SHULI RENSHENG

穷忙，是你不懂梳理人生

出品人　杨　政
作　者　小川叔
责任编辑　王　絮　霍春霞
封面设计　末末美书
内文排版　徐晓倩
责任印制　葛红梅

出版发行　天地出版社
（成都市槐树街2号　邮政编码：610014）
（北京市方庄芳群园3区3号　邮政编码：100078）
网　址　http://www.tiandiph.com
电子邮箱　tianditg@163.com
经　销　新华文轩出版传媒股份有限公司

印　刷　环球东方（北京）印务有限公司
版　次　2019年11月第1版
印　次　2019年11月第1次印刷
开　本　880mm × 1230mm　1/32
印　张　9.5
字　数　203千字
定　价　42.00元
书　号　ISBN 978-7-5455-5258-4

咨询电话：（028）87734639（总编室）
购书热线：（010）67693207（营销中心）

我用了差不多10年的时间，终于找到了自己的价值。

这份价值不再来自工作平台、某个公司老总的赞美，不再来自我买了路易·威登（LV）包包、我穿了定制的西服，而是我终于有了一个机会可以证明——即使不上班，我依旧有能力养活自己，我有本事把每一天都规划得很好，我可以找到一些和钱无关，但还能增加幸福感的小情趣，我相信自己可以越来越好。

那个曾经活在黑暗里的、自卑的、小小的我，没有消失，没有被埋起来，而是学会了扫干净地面，学会了换窗帘，学会了找更多的兼职，赚到更多的钱之后换一个大房子；学会了笑，学会了真诚但有分寸地对待他人，学会了说自己的感受，而不是表达情绪，学会了照镜子，看到自己的闪光点。

我不知道这是否就叫“自信”。

有时候我会问自己，为什么我只配做人家的下属？现在明明就有一个机会，让我可以积累经验做别人的前辈，这样不好吗？

我总是怕出头，总想当个二把手就好，总希望有领导帮我扛着，我做点简单的工作就好，但这样的日子迟早会到头的。

我迟早要承担我该承担的一切，包括压力、绝望，甚至是自我否定。

人的成长，都是先从内心开始的，内心坚强了，外在就会在一夜之间发生变化。

我活了 30 多岁，那一晚第一次考虑，明年我要做什么。也是从那个晚上开始，命运把我推到了一个要求我自己做主、判断、计划并且落实的时刻。

| 序 | 清白之年，原点回望

一个普通人的一生，到底会经历多少变化？

坦白说，我从来没有像此刻一样惶恐。

我坐在北京的家里，洗衣机发出低沉的声音，空气里混合着消毒水和洗衣液的气味。我的手指略微颤抖地敲下你看到的第一句话，尽管我不知道你会在什么样的场合看到它。

就在此刻，写书对我来说仿佛是一件崭新的事。我就好像一个从来没有写过任何东西的人一样紧张，不知所措。但是这是我的第四本书！对于新的读者来说，它可能只是第一本，或者是最后一本。

我是一个再普通不过的北漂，之前因为各种机缘巧合写了 3

本书。在人生前35年里，我从没想过有一天我写的东西能够被出版，能够被读者认可、喜欢。

然而，我的命运就在35岁那年被改写了，我的人生仿佛开了挂，变得不一样起来。我在写书的过程中体验了兴奋、膨胀，还有深深的反省，我收到了很多读者的祝福，也收到一些诋毁。

从35岁到36岁，两年时间我出版了3本书，如果说这算是圆了人生的一场梦，那我觉得这个梦已经做得足够长了。

37岁，我选择停下写作。

表面的理由是，我需要充实一下自己的内心，丰富一下自己的经历；但实际上则是，我找不到继续写下去的动力。

写作是一件很辛苦的事。

我记得第一本书出版后，有一位和我年龄相仿的读者，在看完我的书后，在微博上私信我说："哥们儿，我在机场看到你的书，翻了两篇觉得挺有意思的，就在飞机上看完了，不过看完之后觉得你的这些经历也没什么，只要上了点年纪的人都会经历到，这些东西骗骗小孩子还行，我觉得我也能写。"

我当时就在网络这端硬挤出一个笑容说："好呀，那就期待你的作品。"

后来，我并没有等到他的作品。

其实我很理解，因为大家都是成年人，都懂得付出和收获要成正比，没什么比成年人的时间更宝贵的了，哪怕他们晚上什么都不做，也不会想在一件没什么回报的事情上浪费时间。

这个时代，能安心读书的人不多；能安心写书的人更少。

因为多数时候付出和收获是不成正比的。

或许你会说，不是还有某某大作家吗？还有某某不是也红了吗？当然每个行业都有精英和佼佼者，关键是，那些人都不是你。

如果你的天赋和资历都一般，那你可能永远都只是一个不上不下的写作者，那么，这些付出还有意义吗？

我是一个很容易自卑和自我怀疑的人，所以在两年出了三本书之后，在同类型的励志书相继出版，在大家都吵着说看了鸡汤的名字就想吐的时候，我忽然任性地不想写了。

我说，我要停下来一年。

37 岁这一年，我没有写书，也没有休息。从某种意义上说，甚至比前两年更忙碌。

这一年，我共做了 75 场线上分享会，做了近 200 人的职场电话咨询，带 12 人小组进行了为期半年的职场辅导，还写了十几万字的微信公众号文章和专栏约稿。

对了，我好像还读了 50 多本书，参加了 40 多门微课，以及记不清多少期微信训练营。

或许你会问我，为什么你要这么忙？不是说好了要休息吗？

如果我说我怕，你信吗？

我怕自己不做点儿什么就被人忘记了。

我怕自己不写点儿什么，就真的再也不想提笔了。

我从最开始初生牛犊一样的无知无畏，到写出了一点点成绩之后的沾沾自喜，再经历了思考之后，尝试梳理自己的所有资源，努力打造个人品牌。这些都源于出版第一本书对我的改变，如今我又重新回到原点，对文字充满敬畏。

现在你看到的是本书的第三稿，虽然这个数字对你来说只是个数字，但对我来说，是一场硬仗。第一稿被主编否了，我在卧薪尝胆一年后本想写一本分享干货知识的书，结果这一年市面上这类书太多了，当然还有一些只是看起来像分享干货知识的书。

第二稿又被主编否了，我本想写这一年做的近 200 个职场咨询对象的故事。主编说："别人的故事总不那么容易打动人，我读你的第一本书，至今都觉得你打动我的是真诚。不妨写写你自己，就写写你这一年的思考，写写出书之后你的变化。"

我当时点了点头，但内心其实是很纠结的，因为我不知道我现在所写的是不是读者能接受的。不是所有人都想出书，也不是每个人都想知道怎么出一本书，那这些对他们来说有什么意义？

我一边思考，一边整理过去这一年里在微信公众号上更新的文章，甚至有一个瞬间我都觉得，要不就直接把这 10 万多字拿去出版得了。反正不是有很多作者也都这样做吗？这些文章还有很多人也需要吧？干吗还要重写一本呢？

我是一个面对压力就很容易焦虑的人，每当决定去做一件事的时候，往往都会选择让自己沉浸其中，于是吃饭、走路的时候，甚至睡觉之前我都还在头脑里反复琢磨。

最后我想到了“普通人”这个角度，如今越来越多的普通人希望通过学习让自己变得强大。出了几本书之后，我也不敢说我变得有多厉害，但我始终认为，在每一段人生发生转折之后，我们看待世界的眼光和角度会有所不同，出书这件事就像一次转折。从此以后，我就希望能够用文字记录生活，并跟读者们分享。

我把前两稿的内容大纲全部推翻放到一边，重新一点一点再搭起这本书的框架。我希望它对你来说是全新的、可接受的、有用的。

我一直自卑地觉得，我像城市里的蚂蚁，草地上的小草，渺小、平凡，但因为互联网的强大，我输出的文字被网友们看到并喜欢。如果我的这段人生经历像一面镜子，那么你们从镜子中可以看到一个弱小的人凭借一腔孤勇在人群中横冲直撞，这期间有欢笑、有泪水、有志得意满，也有反躬自省。

于我而言，这是我的人生切片；于他人而言，它不过是一个普通人在奋斗的路上，做出的种种尝试。谢谢你花时间和我一起分享它，谢谢你开始和我一起回顾这一段人生。

也许我们都曾在暗夜里行走过。在茫茫黑夜中不能辨认方向的时候，如果忽然看见前方有亮光，便会在内心里燃起希望和力量，这便是亮光的魔力。

如今，老天在我手里塞了一支火把，我不知道这点亮光对于在暗夜里赶路的人们到底有着怎样的力量和帮助，但是对于我来说，举着火把是为了照亮自己脚下的路，如果能顺便温暖到他人，那更是我的幸运。

| 目　录 | CONTENTS

第一章
001

人生得失：我们走在不断失去的路上

40 岁是一个开始失去的年纪 //002

亲情的边界线 //009

朋友都说我变了 //018

40 岁生日那天，我去参加了《奇葩说》 //027

有些圈子，放弃也没什么不好 //032

成名，其实是一场修行 //039

赚钱和工作的意义 //048

第二章
053

职场进阶：
找到职场升迁的内在逻辑

我是怎么当上总监的 //054
你干得多，就应该赚得多吗 //070
如何理解老板的思维逻辑 //079
领导力：从沙和尚向唐僧的晋级 //096
职场哪有真小人 //113
什么时候你觉得该辞职了 //122
辞职后的 33 天 //134
做总监的这 3 年，我送你的 30 句话 //140

第三章
147

当众说话：
演讲改变的不仅是自信，更多的是思维

对我来说，演讲最初只是出书的赠品 //148
如何准备一场演讲 //162
从“鸡汤狗”到“知识 IP”，我用了 200 场分享 //173
演讲改变我的不仅仅是自信，更多的是思维 //181
清零自己，在头马学演讲 //188
凭借这个技巧，我获得了头马小组赛冠军 //196

第四章
205

写作输出：
写作带来的第二次人生

写作没那么难，也没那么容易 //206
我乐意做那个开口谈失败的人 //218
出书，才没你想得那么简单 //226
有的成功源于某个机会 //239

第五章
245

再学习：
你的人生，有多少种可能

再学习，不仅仅是镀金 //246
让自己闪亮，别怕这个闪亮 //254
知识网红的心经 //262
我用最笨的方法，结交人脉 //268
200 多小时职场咨询，我总结了这 3 点 //275

后记：写给未来的某一天 //283

/ 第一章 /

人生得失：我们走在不断失去的路上

当你看到这本书的时候，我想，我应该已经过完了 40 岁生日。

在写作这本书期间，我的人生也算是起起伏伏，经历了很多的“过山车”，好在年纪渐长和学到的一点点知识让我逐渐可以看起来很平静。

/ 40 岁是一个开始失去的年纪 /

如果人生按照每 10 年进行回望和总结的话，11 ~ 20 岁，我的人生关键词是学习和尝试；21 ~ 30 岁，我的人生关键词是得到和追逐；31 ~ 40 岁，我的人生关键词是获取和扩张。那么，我给 40 岁后面 10 年的关键词的定义是：失去和放下。

在临近 40 岁的这几年里我的身体发生了很多变化，最大的变化是白头发开始增多，它们从我的两鬓和头顶开始快速蔓延；其次是记事本使用的频率开始增加，你也可以说我学会了清空大脑的方法，但只有我自己知道，有些事不写在记事本里，我真的会转瞬就忘。所以，我养成了在床头放一支笔和一个本子的习惯，睡前想到什么，就立刻写下来。

当然体力也大不如从前，过去熬一个晚上睡一觉就补回来了，现在就是睡 3 天都觉得补不回来。晚上 11 点前不睡觉，后半夜就很难入睡。

曾经有个阶段，差不多长达一个月的时间，不论我几点入睡，都会在凌晨 3 点半准时苏醒，没有任何原因。

刚开始的时候，还可以继续睡，后来有一个星期，苏醒后就会睡意全无，只能睁着眼到天亮。

我非常痛苦，甚至都怀疑自己是不是得了抑郁症，因为有传闻说抑郁症的表现形式之一就是失眠。

我开始大把掉头发，脾气变差，身体循环系统和代谢也逐渐出了问题。种种信号都在提示我，我在逐渐衰老。

说 40 岁是老年人，对于小朋友来说是很正常的事，毕竟就是大叔的年纪，但对于很多同龄人或者 30 多岁的人来说，可能会撇撇嘴说句“胡说八道”。

人的苍老一定是先从心开始的。

我是一个天性悲观、骨子里自卑的人。

因为知道自己的问题，所以在成长期我非常注意调整自己，尤其是针对自己认为的性格弱点，不断尝试去训练自己改变。

比如，当我决定要适应社会规则的时候，我丢掉了书架上的小说和青春读物，换成了名人传记和提升工作技能的书。这些书的确很无趣，但我确定这可能是我将来要走的一步，我只能提醒自己说，与其被动接受，甚至是被迫接受，还不如早早调整心态，化被动为主动。

30 岁时我因为工作的变动带来了升职加薪的机会，但坦白说，我活得不是很快乐。

我曾经有一段时间特别纠结，不知道是坚持自己的个性，还是强迫自己扭转个性。

我其实是一个不爱交际的人，不爱说一些我觉得有点虚伪的话，包括给领导敬酒，夸领导……可后来我带了团队，有了下属，也就有了无形的责任感，尤其是当大家都那么做的时候，好像我又不得不别扭地去做。

记得有句话说："我们终将成为自己讨厌的人。"我曾特别反感这句话。我心想，如果一个人够强，怎么可能随波逐流呢？但后来我能清晰地感受到，我被一种力量裹挟着，做出很多随波逐流的事情。

我开始厌恶那时候的自己，我向往更年轻、更锋利、更不谙世事的自己。

后来，我决定去接触一些心理学，读一些关于心理学的书，参加一些心理学老师的讲座。因为在我看来，成长里的困惑，没人可以给我答案，我要做的是跟自己和解。

渐渐地，我找到了问题的根源。

为什么我们终将成为自己讨厌的人？也许只是因为视角不同，就好像电影《狗十三》里的小姑娘，每一步的成长都带着疼和痛苦，可真正的成熟不是留在那个年纪，保持那份无法被人伤害的纯真，而是跨越这种疼痛之后，从更多的角度去看待这个世界。

当你不再把目光只放在自己身上的时候，你或许就能明白自己的改变；当你能够接纳自己逐渐成熟的事实，你或许就能认同自己。

真正的强大，不是因为害怕改变而拒绝一切，而是你接纳了改变之后，还能找回自己的初心。

我不可能一直停留在 16 岁，在父母的保护之下任性生活；我不可能凭借自己的棱角和全世界为敌，抱着“这才是我”的态度，假装坚强地生活。

以前，我理解的对抗是害怕被世界同化之后变成那种我最看不起的成年人。现在我才明白，真正的对抗，是当你了解了成年人的世界，明白了成年人的责任之后，还能给自己的纯真留一小块地方。

这块纯真的位置，是你靠自己的收入和时间去支撑的，而不是靠父母的贴补、他人的鼓励来维系的。

我把30岁当作自己改变的起点，然后31～40岁这10年，我拼了命地获取和扩张，这是一种补课，也是一种补全。消除我内心里的自卑，让我活得有安全感，活得有尊严。

这10年间，我的工资翻了很多倍，我渐渐有底气地说话，我的存款数字从让自己安心到让自己放心，我从纠结要不要结婚，变成考虑要不要孩子。

我要谢谢自己的预判能力，预判我内心可能出现的障碍以及人生挫折。感谢那时候的自己及时地寻求心理咨询师的支持，提前想了很多解决办法。

然后，我就40岁了。

接下来的10年，我预见自己开始失去，失去的可能是金钱、地位、名誉，也可能是健康、家庭、亲人，我会看到生命流逝的全过程，会体验过山车从顶点开始下滑的过程。

有个模型叫作U型曲线，就是说凡是下滑到最低点的时候，也就是向上开始的时候。

我把40岁当作U型曲线左边从最高点向最低点滑落的开始，至于什么时候是最低点，我还不知道……

我有些焦虑，开始想一些解决办法。

比如，我会每个月找出自己不再喜欢的衣物，送给一些需要的网友。这些二手衣物在别人那里成了他们继续可以喜欢的东西，我称之为“川叔的福袋”。至今我已经连续 16 个月都在这样做。我希望自己逐渐学会不持有或者是少持有、不囤积。

我开始学习整理，并且阅读一些关于服装搭配的书，尝试不同的穿衣风格，确定最适合自己的，并且固定下来。

我设定 365 天不买衣服，定期把自己的服装搭配拍照上传，做成相册，至今已经完成了 180 多天。我想看看如果要维持基本的生活，我到底需要多少件衣服。

我开始关注父母的健康问题，定期带他们做体检，每个月给他们存入医疗保障金。

我也开始希望解决自己内心里的恐慌，希望获得平和的心态，甚至还为此去了七八次基督教会，想看看宗教信仰是否可以帮助到自己。

我开始思考自己拥有什么，哪些对我来说是最重要的。我圈定这些之后，会更重点地去关注。

在保证基本生活的前提下，我尝试让自己习惯失去。渐渐地，我领悟到失去带来的不是缺乏，而是精力更加集中。

我还购买了一些关于40岁的书，其中松浦弥太郎的《给40岁的崭新开始》让我受益良多。虽然每个人处理焦虑的方法不一样，但至少松浦的一些做法，于我而言会很受用。

40岁，对我来说依旧是新鲜的体验，没有经历过，自然会战战兢兢。

我做了那么多提前准备和自我练习之后，现在心态终于有了一些平和。

接下来的10年，对我来说也许是自我提醒：提醒自己注意健康，提醒自己关注重点，提醒自己找到初心，提醒自己享受生活。

我想，我会逐渐喜欢上接下来的自己。

/ 亲情的边界线 /

不论你是否成年，在父母的眼里，你永远都是孩子。

可是怎么提醒父母，你已经长大了，已经不再是孩子了，甚至你也需要有自己单独的空间，你可以为自己负责了呢？

坦白说，让父母承认你长大了，需要一个过程，也需要一个前提。最大的前提就是经济独立，你赚的钱至少可以养活自己，这是你独立的第一步。

我在 27 岁的时候就开始被家人催婚。最开始我是非常反感的，因为我觉得过了 18 岁就是成人了，25 岁都有能力赚钱养活自己了，为什么家人不能让我好好享受一下这几年自己可以做决定的生活呢？

中国的父母经常担心自己的孩子。可以说，他们比我们还容易焦虑。

上初中、高中的时候，父母限制你谈恋爱，怕谈恋爱影响学习。他们觉得，中学期间好好学习才是最重要的。

很多父母都跟孩子承诺，上了大学就不管了。然后，很多孩子也真的这样去做了，把大学当天堂，大一疯玩，大二恋爱，大三失恋，大四可能就是毕业即失业吧！

毕业后走上社会的前 3 年，我们都在慢慢地适应社会，寻找自己的兴趣，探索未来的职业规划。这时候，虽然整个社会的氛围让人觉得有些压力，但分寸感是非常好的。没人关心你多大了，是不是应该谈恋爱，因为同龄人都在拼了命地工作，甚至有的人已经计划跳槽升职。这时候的我们大都没有存款、没有自信，感情或许是缓解无聊生活的调味剂，但婚姻太过遥远。

但是，父母不知道这些心路历程，他们就觉得，你找个工作好好干几年，就可以考虑结婚的事情了。

春节被逼婚不是这几年才有的风潮，这是很多毕业生走入社会两三年后都会遇到的事情。

我那时候是一个“愤青”，特别讨厌自己的人生被别人安排，所以每年春节就跟干仗似的，谁催婚就和谁急。

我以为通过这种激烈的方式去宣誓，去告知全世界："这是我的雷区，你们都不要踩。"这样大家就能够放过我。

怎么可能！

要发火，就要先点燃自己。往往是七大姑八大姨的随口一问，我就自己先气到"炸毛"，把自己累个半死。

那时候的我特别敏感，如果我老妈也参与这个讨论，我就觉得她不理解我，她是伤害我最深的那个人。

我们对亲情的要求有时候没有边际，我们要求百分之百的守护、百分之百的相信以及百分之百的爱，而且这些要求和付出都是单向的。

父母要在我们任性的时候百分之百地支持，不能表示怀疑；父母要在我们自认为成熟的时候百分之百地安静，不能多问一句；父母要在我们失败的时候百分之百地理解，并且送上关怀。仔细想想，这哪是父母，分明是圣人。

这几年有很多嘲讽父母的段子和短视频出现，有一部分原因是：我们总是希望有些事我们说一次，父母就要听进去，记住，然后此生就要遵守。

你前半生都在听父母的话，被他们"领导"，忽然有一天你说你可以独立了，现在你要做个领导，而且说的事就必须被执行，不执行就是不尊重你，然后你就开始耍脾气。你想想，这是不是从侧面证明，你还很幼稚：除了发脾气之外，你找不到其他更多的解决办法。

有一年春节，我姥姥还在世，她带着我的三个姨妈一起“围攻”我，和我讨论要不要结婚这个话题。我当时慷慨陈词，觉得自己就好像舌战群儒的说客，直到后来我才发现是“鸡同鸭讲”。从那个时候我就明白了一个道理：有的表达之所以很无力，是因为你只是为了自己倾诉而说，不是为了让对方倾听而说。

你没有任何解决办法，你只是在讲自己最想说的，并没有从对方的角度出发，说出让他们能接受的答案。

后来我学会了打马虎眼，学会了反问。谁问我怎么还不结婚，我就说：“我也着急啊，可现在也找不到啊，你有没有合适的，赶紧给我介绍一个，我这儿条件什么的都没要求……”

一来二去的谈话，经历几次后，我就逐渐明白了，很多时候亲戚问“你咋还不结婚呀”，其实未必是真的关心你，只是无聊时候的谈资而已。

因为不问这个问题，他们也会问“在北京一个月挣多少钱啊？能剩下多少啊？”……

对于他们来说，并不是真的想要一个答案，只是要一个话题的引子而已。

除此之外，结婚还意味着人生的状态。当大家聚在一起的时候，很容易针对异己，什么叫作异己？就是和他们不一样的人。

“在小城市生活的表弟表妹都结婚了，连孩子都有了，都可以拜年收红包了，为什么你还不结婚？”

你要允许这种好奇心的存在，你也要找到完整的答复方式。我看到很多公众号都在教大家怒怼回去，甚至还把一些怼人的话写在衣服上，让对方免开尊口，我觉得这些都不过是笑谈罢了。

如果你知道催婚这件事为什么发生，也就有了一套答案，那么到底是打太极，还是硬碰硬其实都无所谓。已知和未知最大的区别就是，你在说那些答案的时候，是笑着说，还是憋着火说；你说完之后是坦然的心情，还是气得 3 个小时都不能平静。

当我逐渐看明白了这些之后，心态就平和了。渐渐地，我也学会了一些和亲人的相处之道。

以前我老妈经常会无规律地打来电话。有好几次我正在开会，接到了我妈的电话，我的心情一下子变坏，然后冷冷地说：“我在开会，稍后打给您。”

后来我问过自己，如果这是一通骚扰电话，或者是其他人打来的，我也会这样吗？我想了想，或许是因为这是我老妈打来的，我才会火大：为什么要在我开会的时候打电话呢？我不是昨天才跟你打过电话吗？你不知道我在开会吗？

当我想到这儿的时候，我忽然惊呆了。我发现，在我心里，虽然父母一直都占有很重要的位置，可在相处方式上，他们连一个普通人都不如。

因为他们很重要，所以我也用很高的标准要求他们，但是，这其实很不公平。

我不能阻止一位母亲对儿子的惦记或者担心，哪怕她没什么重要事儿，哪怕她要和我说的就是鸡毛蒜皮的小事儿，我也需要给妈妈一个这样的机会和沟通的桥梁。但我平时也有工作在忙，我的忙碌并不是父母所能理解的，比如我加班的时候，父母就会说，为什么不回家，这样的工作还干个什么劲儿啊，赶紧吃饭，别把身体搞坏了。

我要在自己的忙碌和父母的关心中找一个折中点。后来，我固定在每周一晚上给妈妈打电话，并且逐渐让她熟悉了这个规律。从那时起，我不再只报喜不报忧，我不仅告诉她我升职加薪的消息，也会告诉她我挨骂了、加班了。我希望让她明白，在大城市打拼，没有什么东西是白来的，您儿子在努力，他是一个资质平庸的人，即便在您的眼中他很优秀，但在大城市里，优秀的人太多了。我需要学习，我需要认识世界，不论是再求学还是出国，对我来说都是认识世界的一个途径，而不只是单纯的像我老爸说的那样，为什么不把钱存起来？白白浪费钱有什么用？

我就是通过一次又一次的谈话，让父母终于明白了——孩子长大了，他的见识是缘于他看待世界的方式，他有能力承担选择的结果，他辛苦、忙碌，但依旧爱着我们。

在我结婚的前几年里，老妈总是喜欢在电话里给我支着儿，告诉我不要总是我做饭，要和妻子一起做家务，不然这辈子就是我一个人在做饭了。她还询问我家里到底谁在管钱，甚至还会打听过年的时候给了对方（妻子娘家）家里多少钱。

每次我听完她的建议后，都会告诉她：现在时代不一样了，人也不一样了，您说的那些早就不适用了。可能您看不惯年轻人总是叫外卖、下饭店的生活方式，但对我们来说，每天下班之后都在家做饭，其实是非常大的工作量。两个人都赚钱，彼此都有对金钱的支配能力，不涉及谁管谁，您给的建议是希望年轻人好，但年轻人有自己的生活方式。时代不一样了，如果还想着旧方法，更容易出问题。

这样的话说得次数多了，她慢慢地也就不说了。

和普通家庭一样，我也遇到了老妈催生的问题，虽然很早就说不打算生孩子，但老妈似乎并不相信。直到有一次又在电话里提起这个话题，我真的是压不住火，说了两句重话之后就挂了电话。我想这么下去也不是个办法，于是想到了折中的办法：此后老妈每催一次，我就往她的银行卡里存 1000 块钱。直到后来又到了某个临界点，我就彻底和老妈摊牌，让她看看自己的银行卡里现在有多少个 1000 块钱，那就代表她催过多少次。

我说："我已经是成年人了，我知道什么样的生活方式对自己来说最好，为什么您希望把您的想法强加给我呢？您知道您一共催了多少次吗？ 12 次！这仅仅是这 3 个月以来的记录。如果我不快乐，难道您就快乐了吗？我不希望我们每次都是因为这个话题吵到不欢而散，我是在为我的小家过日子，那您可不可以正视一下我的想法和决定？"

从那之后老妈沉默了许久，后来就很少再提这个话题，也算是正视了我的选择吧！

亲情，是无法割舍的牵绊，我们少年时代受惠于此，成年之后也许会觉得是"拖累"，但直到失去之后才会明白，这个世界上最牵挂你的人不在了，从此你就真的孤单一个人了。

因为深爱，所以才更容易互相责怪。在和父母斗争、和解的这几年，其实就是在和一个指引了你 20 多年的老“领导”逐渐找到最恰当的沟通方式的阶段。不要单纯地相信血浓于水可以解决一切，有了拆不散的感情基础，还依旧需要有方法去解决问题。

向父母证明我们长大不难，但让他们真心认可我们已经长大，很难。让他们愿意倾听我们的想法，认同我们的决定，更是漫长的一段过程。我是用最笨的方法，不仅仅给他们看到结果，也和他们分享过程。

我们在成长，其实父母同样也需要成长。过去是他们在前面带着我们跑，如今我们长大了，跑快了，别着急回头埋怨他们为什么跟不上，多一些耐心，等等他们，就像当年他们等我们长大一样……

/ 朋友都说我变了 /

前几天，老友小天忽然约我吃饭，当时我正在去上拳击课的路上。算起来，我和小天快一年没见了，一来是因为我搬家到了南城，他住在东边，距离远了；二来也因为大家彼此都年纪大了，所以都懒了吧！

小天大我 6 岁，所以我是不敢在他面前慨叹 40 岁的。

记得几年前他辞职，我当时还以为他是打算养老，特意约他出来吃了一顿饭，问问他关于未来的规划。结果我发现他其实也没什么想法，只是因为遇到了职场争斗，所以退出来避避风头。

半年之后，斗争有了结果，他就继续回原来的公司上班，据说还加薪了。

我那时候觉得他活得太无忧无虑，40 多岁了也不考虑以后的人生规划。现在一转眼，我也 40 岁了，可我也一样没什么规划，看来当初是我错怪他了。

“朋友”这个词其实挺奇怪的，有些人只能陪伴我们一段时间，陪我们走一小段的路。那些能做一辈子的朋友到底长什么样？见面之后是聊陈年旧事，还是说最近的改变？是彼此相互促进，还是只有习惯性的陪伴？我还没过完一辈子，所以现在也没办法知道这些，不过我和小天的关系，则是随着这几年我的忙碌而逐渐变淡了。

“小川，我觉得这几个朋友里，就你这几年变得最多，以致有段时间我们都不太想约你。”喝了一口果汁，小天公布了这个一直困扰我的答案。

“我变了吗？哪儿变了？除了体重之外，我觉得好像没怎么变吧？”我当然是不肯服输地辩解。

“你有没有觉得，有段时间你特别在意职位和收入这件事？”小天有些小心翼翼地说。

这句话就好像一枚石子，在我的回忆之湖里投下一个启动开关。

第一次月薪过万；第一次出书；第一次学会了做规划；第一

次完成了人前的演讲；第一次觉得时间特别紧张，连和朋友吃饭都不能接受对方迟到；第一次在吃饭的中途跑到走廊用手机话筒做语音直播分享……

我以为我和朋友分享这么多第一次，是在向朋友展示："你看，我做到了，我棒吧！你有没有觉得我现在越来越自信和闪亮？"

也就是那一刻我才明白，为什么那么多第一次的展示，唯独我认为的好哥们，从来没说过一句："你真棒，你真了不起，你怎么那么厉害！"

我一开始以为那些戏谑的玩笑、插科打诨，只是好友之间的不好意思，以及我们传统文化里的不爱夸奖、只爱批评等因素造成的，但我却没发现，原来在他们看来，我变了，变得和原来不一样了。

想到这儿，我忽然释然了，于是笑着问："那你觉得我原来是什么样子的？"

小天说："你原来啊？你原来就是很喜欢写字，还喜欢画画，虽然赚得不多，但那时候我觉得你活得很快乐。你也常说，赚钱只要够花就可以了。"

我笑笑说："那你有没有想过，也许那份平淡只是因为苦于没有机会的自我安慰而已？"

在我月薪还只有 5000 元的时候，你就已经是年薪 50 万的外企白领了，小伍（另一个朋友）也已经是国内首屈一指的快销品企业的二把手了。虽然你们都说我有才华，会写文章、会画画，但只有我自卑的内心知道，这些东西都无法成为我养活自己的技能，我最重要的收入还只能是工资，而对我来说，找到这份工作纯属意外。

如果不是你手把手地教我怎么面试，怎么谈工资，我做梦都想不到自己会去一个从没接触过的广告公司，还可以有一个拿到月薪 5000 元的机会。所以，你不知道我有多惶恐，我害怕失去这份工作，因为我可能再也找不到类似的工作了。

在换工作之前，我除了安慰自己，平衡自己的心理，让自己觉得赚钱不必太多，够用就行，也没其他的办法。

从 31 岁到 40 岁这 10 年，是我拼了命地想证明自己的 10 年。我不是争强好胜，也不是为了炫耀，我只是想告诉自己，我也有能力和大家在一个水平线上。所以，我才会那么在意职位、在意收入，因为这些在我心里都是可以证明自己的标准。

当然，我也非常理解你们内心的感受，因为我 30 岁才开始追求或者得到的东西，你们之前就已经拥有了。

我始终相信只有先入世才能出世，得到之后才能放下。如果什么都没经历过就能看开一切，除非是生活教会了你什么，或者是你有说服自己的大智慧。但那个时候的我，并没有这样的智慧。

年少时候的岁月静好，对我来说只是无可奈何。

后来我遇到了机会，我尝试抓住它，拼出个未来。我很享受这个过程，虽然在你们看来，我似乎变成了一个浑身散发着铜臭的商人。但如果没有这段经历，我内心里对金钱和名利的渴望也不会消失，只是被掩藏起来而已。

当然，我不能保证几年后我在你们眼里是否会变，我也不知道这种变化在外人看来是什么样的，但至少对我而言，我很喜欢这种状态：我没过去那么怕了。

回去的地铁上，我忽然想明白了一些事情。

早年做广播的时候，我认识了一批朋友，那时候虽然辛苦，大家做事也全凭兴趣，但彼此都很有成就感，于是我就组建了电台，大家轮流做主播。有一个姑娘和我的关系一直都很好，我们合作了很多期节目，我非常喜欢她的声音，听起来让人觉得安静、舒缓。因为大家都在北京，所以我还时常约上她和其他几个朋友来家里吃饭。后来微信的流行反而使大家的关系变淡了，她悄悄地退出微信群，发给她的消息她也不再回复。

2018 年春节的时候，我还给她留言：不管你是否乐意理睬我，我都始终记得你的声音。

现在想想，也许是因为我们都变了吧。

我在她心里又变成了怎样的人呢？是一个对广播不那么上心，耽于个人经营的人吗？还是渐渐变得不再是她认识或者想象的样子了呢？

有些朋友，并没有什么原因，只是走着走着，就不见了。

早年出书的时候也认识了一批作者朋友，那时候大家都没有名气，一起给某个活动站台，给彼此加油打气。如今，有的人已经过上了晒娃的生活，有的人早就不写文章了，有的人加入了各种体制内的协会，成了文化名流。

我们都是走着走着，就各自走散了，因为没有任何两个人的人生路径是可以重叠在一起的。那些早年的回忆，会随着时间的流逝而慢慢变得泛黄起皱……

曾有一个关系不错的女生，在我之后也出了书，让我给她写推荐语。但那时候，我签约了经纪公司，不方便在封面上写推荐语，于是我说："没关系，我来给你写书评吧！"于是我就写了一篇很长的书评。

后来，她自媒体做得很好，就辞职创立了工作室，混得风生水起。

有一天，我在豆瓣上看到她来北京的消息，就在微信上跟她闲聊了几句。她说来北京学习心理学，我对心理学也很感兴趣，就多问了几句，诸如在什么地方上课、有多少人、大概怎么收费等问题。

然后，她很不耐烦地回了一句："你找我有事吗，你到底想问什么？"

我看到这句话的时候愣住了。也许有些感情的保质期已经过了，只是我自己还不曾发觉。

我后来问自己，明明我自己也有关系变淡的朋友，为什么我都不会那么伤心？明明我自己也会因为微信好友满员，或者讨厌别人在朋友圈发广告，而删掉一些朋友，为什么我面对这些就毫无愧疚？

那些落寞和伤心，可能只是因为我以为我们还是朋友，却发现其实我们早就不是了，而我还没有做好准备而已。

可是，只要是关系，总会由浓转淡的。

出地铁后，手机上收到一个熟人加微信的请求。我通过之后，对方先发来一段我广播的语音，然后和我说："我是你电台的听众，我觉得你是一个温柔的人，为什么就那么不愿意原谅一位老友犯下的过错？”

我当时就有不太好的预感。

这位所谓的老友是我刚出书时候的一位热心读者，听过我的节目，参加过我的线下活动，当时非常积极活跃。他刚来北京，我总会在他身上看到我当年的影子，所以就和他走得近一些。

那时候微信群刚开始流行，他就跑前跑后帮我组建读者群，还任职管理员。我的几个读者群很快地壮大起来了。可能是因为人员的暴增让他看到了某种趋势或者是利益，他就以我的名义做了一些牟利的事情。后来，这些事情被我发现了，我非常失望和愤怒，就解散了所有的微信群，并且和这个人断了联系。但是他并没有善罢甘休，而是又以我的名义组建了微信群，好多读者就来跟我告状，好几次深夜给我打电话，对我的生活造成了很大的困扰。

那段时间，这个人真的变成了我的梦魇，我几乎一看到这个名字，就会情绪崩溃。

不过，现在我心里很平静，心平气和地回溯了过去，讲了我当时的感受，以及后来遇到的一些事情。

我说：“有时候关系破裂是不太可能恢复的，所以原谅我没办法再当你是朋友，我们最好的结果就是回归到陌生人的状态。你其实不是在寻求我的原谅，你只是希望自己也能对曾经年轻莽撞的自己释怀而已。”

后来他发来一长串的道歉，我也希望网络另一端的他，此刻也可以和我一样平静。

每个人都在变化，每一天、每一个月、每一年。未来我会变成你喜欢的样子，还是你讨厌的样子？不得而知。

我依旧是一个不喜欢告别的人，所以总是假装高冷和凉薄的样子。

如果你加过我的微信号，忽然某天想和我打招呼，却发现你已经被删除了，或许你也会伤心郁闷一小会儿，但如果你还乐意重新加回我，我也更乐意跟你打招呼。

如果我们就此默默分开也没关系，谁不是一边遗忘别人，一边被人遗忘？我们都不必悲伤，因为每个人都有自己的路要走。

/ 40 岁生日那天，我去参加了《奇葩说》/

说来挺惭愧，虽然我早就过了青春期，但还是一直爱看各种网综（网络综艺节目）和韩剧。《奇葩说》，我几乎是从第一季就开始追，看得热血沸腾。

第二季的时候觉得满地都是高手，特别羡慕那些选手的表达能力和逻辑，随便听哪一方都觉得很有道理。

听到第三季要招募选手的时候，我心里蠢蠢欲动，但犹豫了很久还是没敢去。

第四季我终于鼓起勇气，按照征募消息，录制了一个视频短片，结果还是石沉大海、杳无音信。然后第五季开始征集了，我下定决心，去参加了海选。可能是我特别喜欢节目，也可能是和选角导演聊得很开心，总之去现场做最后选拔那天，我激动极了。

那天，我 40 岁了。

我不知道别人 40 岁的时候在干吗，我 40 岁的时候坐在《奇葩说》最后选拔赛的现场，假装高冷，心里其实非常害怕。

我们这一组是“网红之组”，有之前参加过模特选秀节目的孔令令，我还挺喜欢她的；还有 ×× 月薪 5 万的助理，貌似后来引发了自媒体行业的大震荡；还有一个做测评类短视频的网红，他是 papi 酱团队的，后来自己也做了视频博主；还有幼儿园老师，大学辩论队的成员；还有一个好像是美妆视频的网红，我不太记得住了。

现场发挥的时候，我自己觉得还行。大家都是模仿《奇葩说》的选手，不是怒吼就是步步紧逼，遇到分歧直接反对，反正我不同意就对了。

现在想想，可能更像模仿秀，个性和标签都没有我想象得那么突出。现场架着两台录像机，台下一批 90 后观众，我把自己想说的都说完了，有那么一瞬间，可能要变明星的感觉呢！

但两周溜溜地过去了，我没收到导演的任何反馈，估计是没戏，觍着脸去问了一下。编导说，大导演觉得那一场大家都表现得很一般。我想：看样子是被淘汰了。

后来《奇葩说》就出了一个大事件，也不知道今年是不是还能继续播出第六季。

去《奇葩说》之前我许过一个心愿：这辈子要勇敢一点，哪怕只有一次。

我对自己说：不要总给自己设限，不要觉得到了什么年纪，就应该怎么样，或者必须怎么样。

我们从小被父母教育要活成什么样，长大之后被社会教育要做成什么样。当我们有一天找到了自己存在的价值，又有能力支配一些事情的时候，那就尝试一下摆脱限制。

别人不能要求你必须活成什么样。必须谈恋爱，必须生孩子，必须功成名就，必须年薪百万……很多时候，这些事情都是自己要求自己的。

我和你一样都是保守的人，我可能还需要加上“胆小”这个缺点。

对我来说，如果生命的最后还是会和普通人一样，回到正途，变成循规蹈矩的那个人的话，我希望自己在年轻的时候做点“出格”的事儿。

比如，去参加《奇葩说》，选不选得上且不论，能参加一次就是好事儿。

比如，尝试录个视频，内容是啥不重要，可以说说服装穿搭，可以说说美妆护肤，还可以说说日常生活，就当作一个好玩的东西。

比如，继续深造学习。

比如，辞职待一年，去另一个城市生活一段时间。

比如，去海边买套房子。

我今天把这些“比如”写下来，有的我已经做到了，比如我去香港大学攻读了一个专业；比如我开始录短视频，虽然观看的人数往往只有两位数；比如我去了《奇葩说》，虽然没被选上。

但是，这些事情你不写下来，不说出来，也许就更实现不了了，不是吗？

在脑袋里想到就动手写下来，或许就是因为写下来了，距离实现它就更近了一步。

很多时候我们不敢想、不敢说，更别说去做了。

我在怕什么呢？怕别人的否定，怕同事不理解地问：“你都这么大岁数了，还想着要当网红吗？”

我怕家人失望地说：“你能不能做点有意义的事，你做这个有什么用？”

我就想让自己开心，不行吗？让自己开心难道不是一种用处吗？

40 岁，我依旧不能活得坦然，但至少比过去活得通透、任性一些。

我依旧会在意别人的目光，我也依旧会害怕。

坐车回来的路上，我问自己：如果选上了会怎么样？

其实我也不知道，不过我曾经因此害怕过。

害怕选上了，然后被淘汰。

害怕选上了，比赛表现还可以，却被网友谩骂、围攻……

得到之后再失去、容易被他人的意见左右，这两点依旧是我目前无法跨越的障碍。

但至少有一点我很肯定，40 岁之后，我希望自己没有那么多的设限，没有那么多的焦虑。多接触一些好玩的人和事，活得通透一些。

/ 有些圈子，放弃也没什么不好 /

我最近一直在读一些关于整理的书，于是就在家里的各个角落开始实践，成果显著的就是整理书架和衣橱。

舍弃是一件艰难的事情，一些东西出现在我们的家里，往往都有各自的理由，甚至代表着回忆。

人很容易把物品当作与过去连接的线索，似乎放弃了这些物品就放弃了那段回忆一样。

对我来说，整理是功课，而且没有尽头。时不时地整理一下，很容易照见自己。甚至，我时常会用整理来提醒自己，现阶段的“基本”需求是什么。我所谓的基本需求如果要划定一个界限就是：多少件衣服是一年四季穿着的基本需求？一个家庭，如果为了目前的生活需要，几件家具是生活的基本需求？厨房里的餐具到底拥有多少才是刚刚好的需求量？

我是一个穷过的人，所以会在有了一定经济收入之后开始囤积，通过囤积来获得安全感，证明自己的拥有。

但真正的安全感，其实是心里富足。我把自己的这个心态变化总结为三个阶段。

第一个阶段，我害怕被人关注。我可以做电台，让声音出镜，但现实生活里，我害怕成为焦点。人多的场合，我就充当人群里的小透明，存在感全无。

每个人的人生或许都会遇到一个契机，这个契机是你改变的开始。当然，改变最大的原因是你的不满足。

我并不喜欢做一个没有存在感的人，但我又不知道通过什么方法来改变，所以只能待在那个位置。后来，我等来一个机会，就是出书。

出书之后，我进入了第二个阶段。那些我给自己的要求或者是条件，让我快速地成为自己曾经想成为的那个人。但那个时候我依旧不自信，自我认同感很低，我依旧需要借助外力来证明自己的价值，比如图书销量、活动现场来的人数，等等。

每次做活动，我都会觉得，我何德何能会获得这么多人的喜爱？在这个阶段我走过一些弯路，比如，会尝试讨好我的读者，扮演他们心中期待的完美角色，会掩饰甚至拒绝承认自己的缺点和错误。因为我怕一旦暴露出那个有缺点的自己，就会失去这些读者的喜爱，而失去是我不能接受的。

到了第三个阶段，我对自己既没有特别高估，也没有低估。

我用了很长一段时间，让自己学着放下，做了很多的练习，甚至是尝试学着任性，一点点找到自己。

我明白自己是有价值的，而且不需要外界的一些东西去证明。如果出书，我依旧会关注销售数字，但并不会因此定义自己的价值。因为我明白，一本书的成功，是合作双方和市场环境共同催生的结果，所以如果不成功的话，我会和合作伙伴聊一下，看看对方是否还乐意继续合作。

在明确了这些之后的某一天，我终于决定整理我的微信朋友圈。

我前后出了 3 本书，认识了近 200 位图书编辑，我有一年不曾买过书，有两家出版机构的编辑会定期给我寄很多书。

我认识五六个社群的创始人，有些人真的是眼瞅着粉丝从 10 万涨到 100 万，最后成了“网红”。

我认识 50 多家在线教育渠道的负责人，还有一些广告合作客户，以及在豆瓣或者微信上互相关注的朋友，还有在活动时添加的近千位读者。此外，还有好几百位我做职场咨询时遇到的学员，以及新兴软件的内容编辑、问答软件的编辑、专栏约稿的编辑，以及杂七杂八各个渠道的工作人员。

最多的时候，我的微信上有三四百个群，未阅读信息多到无法显示。

幸好很早之前我就把自己的工作手机和私人手机分开了，不然再算上公司的同事和客户，这个微信号估计要爆掉。

我的微信好友一度爆满，每次出席活动遇到一些嘉宾互加微信的时候，我都要很尴尬地先叫停，然后迅速浏览一下朋友圈，删掉几个人，再去添加新的好友。我又申请了一个新微信号，但坦白说，这种尴尬并没有解除。

有段时间我一直对自己说，要下定决心整理朋友圈，因为一些早年认识的读者，不知不觉地变成了代购和微商广告党；一些原来的职场咨询学员，人生完成了转变，进入了下个阶段；一些合作或没合作过的编辑，也都发生了这样或者那样的变化。可是每次想要清理的时候，就好像要丢掉一件只穿了一两次的新衣服一样，舍不得：万一以后还能用到呢？

可自己也知道，哪有什么万一！

最初我做了一个折中的决定，我先把一些人转移到我的新微信号上，这样他们既没有丢失，也没有再见，而且我为自己留出了充分的余地。然后，我尝试退出一些微信聊天群、学习群、微课群，以及一些当时为了聚会吃饭建立的群。

最后，我开始审视一些所谓的资源，比如网红号、社群的创始人等。他们中的有些人已经取得了融资，有些人还有过合作，有些则是朋友介绍认识的，只是粗浅地聊了几句，后来则不了了之。有些人的朋友圈早就变成了商业宣传的阵地，有些则遇到了融资失败、公司转卖，最后转行去做了别的。

以前我觉得这些人都是资源，以后迟早用得上。

后来我才知道：没打过交道，发展过程不能同频，能量等级不同，不能互惠合作的，都不算是强链接。

即便你们相识于微时也是如此，大家发展的轨迹不一样，迈入了不同的阶段，由此产生的需求自然也就不一样了。

留一个只活跃在朋友圈的朋友其实没什么用，而且在自己心态不稳的情况下，越看到对方在晒成绩，就越会焦虑。为什么别人都在努力，都已经月入 10 万元，甚至马上要迈入财富自由的行列，而自己还在慢悠悠地偷懒，好像什么都没做，一无是处一样。

有时候朋友圈就是一面照妖镜，有些人可能早就迷失在自己的人设里。

一些鸡肋型的微信群，渐渐变成了每天被丢进去一堆文章，但无人问津的死群。

过去在大家都没出书的时候，建立了一个小群聊聊写作，你最近写了什么，我最近写了什么，都挺好的。

后来大家都出书了，彼此互相帮忙、站台，做个推荐，也不错。

再后来，很多人放弃了，因为有更快、更容易的赚钱之路，也有些人生娃了，生活重心发生了很大的改变，群里讨论的内容逐渐变成了家长里短的八卦，以及晒晒晒、秀秀秀、给娃打卡、求投票、求点赞。

我想，人生或许就是这样，我们总要和一些人告别，和那些过去的印象告别，然后再去重新认识彼此。

我逐渐明白，如果我要持续去做一件事，我就会再次遇到同样做这件事的那些人，然后就会和他们再次成为朋友。

所以，能否成为朋友，其实取决于我们是否在追求同一种东西，而不取决于我们是不是在一个群里，或者是否在彼此的微信里。

只要我继续写书，就还会遇到不同的出版社和编辑；只要我不放弃做在线教育和内容输出，就还会遇到不同的平台和负责人。如果我不打算再做这两件事，保留再多的工作人员的联系方式也没什么用。

与其跟着圈子跑，泡在圈子里，还不如早早明确自己的方向。如果我们足够有能量，足够发光，就会成为焦点。别人会因为你前来，渐渐聚拢，而你就会变成圈子本身。

/ 成名，其实是一场修行 /

我在上一本书《努力，才配有未来》的后记里说：我也不知道自己什么时候算红，也许是微博粉丝过 10 万的时候吧！

那时候我的微博粉丝只有可怜巴巴的几千人。前几天有读者看到了这段儿，跑来微博留言说：川叔，我就是想看看，你的粉丝量过 10 万了没有。

我觉得他可爱极了。

那会儿我的微博粉丝刚好 10 万多一点，但我早已经不在乎这些了，因为我发现，10 万粉丝在微博根本就不算红。

“红”到底是什么？

更多的时候，它只是我嘴里的一句自我安慰和托大的话，而且还都是说给别人听的。

一边工作一边写书这件事，我在公司的一些培训和会议里说过，很多同事都当作笑话，听听也就过去了。直到我们分公司招聘了一位办公室主任，在新员工培训上，当我说曾经出过书，并讲出书名的时候，她尖叫了一声："我看过你的书。"

其他人这才觉得，原来小川叔还是个红人哪。

你看，"红"这件事，自己说了不算，别人说了才算。

我老妈对"红"的定义就是，能上《新闻联播》，让全中国的人都认识，那才叫"红"。

我每次都哭笑不得地回答说："除非你儿子哪天抢了银行，这样才能上《新闻联播》，万一我是那种蠢贼，闹出什么笑话，估计全国人民都记得。单纯靠写书上《新闻联播》，我看是够呛啊。"

成为全民偶像，众人皆知。这话其实就是想想罢了。

很多时候，比较现实一点的考量则是：成为一部分人的榜样，被一小部分人喜欢。能做到这样就已经很了不起了。

成名这件事，都说它是双刃剑，可还是有那么多人往前冲，为什么？

很明显就是它所带来的利益或者是感受，诱人到足以让他们忽视所有的危险。

但凡名利，都会带来膨胀和贪婪，多大的智慧，做好什么准备，都很可能无效。唯一应对的办法就是，先察觉到，再慢慢调整。

我羡慕过畅销书作者，也曾经渴望做畅销书作者，因为外界有很多这样的例子都在明晃晃地告诉我，那就是榜样和典范：签售三四个小时，排队上千人，一做活动整个商场都震动，一拍照全镜头里都是他的书……

我的羡慕，更多来自畅销书作者的展示，他们给我看到的就是获得成功的姿态。直到后来，我反思，难道这就是成功唯一的方式和界定吗？

我以前写过这样一句话：所有的得到都是为了放下。

因为在我看来，定一个目标，之后去努力完成这个目标，其实你在实现目标的过程中的所见所感，要远比实现这个目标更有意义。

所以，有些东西你一旦得到，要不了多久你就会放下。

不过，这句话的后半段我没有说。

选择放下，一部分原因是你觉得索然无味，就好像我最开始出书以金钱或者销量做目标，达成之后我其实没什么狂喜，反而会估算自己在其中付出的时间成本和金钱成本。

选择放下的另一部分原因是，你会迅速地找到下一个更大的目标，然后又周而复始地去追求。销量过 10 万，你就会想着去过 20 万，过了 20 万就想着可不可以过 50 万甚至 100 万。

当微博的粉丝量过 10 万，就会想着有没有更好的合作方式和输出主题。这个段子被人喜欢了，就会立刻想有没有类似的段子，赶紧也输出一下。

我们所知道的一些人，尤其是一些明星，这样的事情做得还少吗？

为什么我们明明拥有了，目标也达到了，反而会更加不快乐，或者更焦虑？

因为，人都太不容易满足。

我把成名当作一场修行。出名会带来名和利，普通人在面对这种冲击后，首先打动他的可能不是赚了多少钱，而是被肯定，“原来还有这么多人喜欢我。”这种肯定带来的自信往往会大于金钱的魅力。

之后是面对金钱和诱惑催生出来的欲望，一部分欲望是逐利的。如果穷过，对金钱会有一些执念，而且金钱在某种程度上会带来人内心的安全感。

还有一部分欲望是膨胀。一个人自信是好事，但自信过头，就会忘乎所以，尤其是一连串的成功被叠加之后，就会去寻找所谓的成功方法，然后面对各种机会的时候，会觉得自己无所不能，会变得什么都想要。那之后就会受挫，尝到失败，重新思考自己到底适合做什么，最擅长的地方在哪儿？是要向这个目标前进，还是回到自己擅长的领域深耕？

成名，解决不了思考带来的痛苦，自然也解决不了选择问题的纠结。

那些普通人该有的痛苦，成名之后也会有，甚至有时候还会被放大，选择的时候还会有所顾忌。

但是大部分的成名，会让成名者变得更好。比如写励志书的人，往往自己会变成“励志者本人”，而一旦这样开始后，目标是什么就显得尤为重要。

被人喜欢，的确会催生很多的动力，自我总结和复盘也会带来一些方法和路径。而这些方法如果可以结合恰当的输出模式，就会变成具有更大商业价值的课程或者是训练营，成为下一个创造财富的工具。可往往越是这样，自己要经营的东西就会变得越多，需要改变的也就越多，而同时，或许失去的也会越来越多。

因为，凡事都是有限的，有限才更显珍贵。

时间是有限的，全部扑在工作上，能分给家人和朋友的就相应减少。

精力是有限的，全部给了你喜欢的，超支了，身体就会反抗。

机会是有限的，这个合作机会摆在你面前，如果接了就会有大量的时间和精力支出。

我是凡人，没办法抵制诱惑，原本也不太会拒绝。

我这人虽然一直都自卑，并且尝试着把自卑变成谦卑，但在有了一点小名气之后，也一样会走弯路、会膨胀、会盲目自信、会目中无人。

我曾经嫌弃过这样的自己，甚至总在想还不如回到过去。当然，这样的念头也只是想想而已，有些事，是回不去的。

而且，过去并没有我们想得那么好，想回去，只是贪图那种熟悉的安全感。

很多年前我做电台被听众喜欢，有给我留言的、有给我写信的、有给我发小礼物的，甚至还遇到过顺着地址跟踪到我家楼下，看我遛狗之后给我留言说，你穿红色的帽衫挺合适的。后来，我把自己的照片发到网上，网友两极分化，一部分吐槽说，真的是辣眼睛，破坏了对原来声音的想象；还有一部分则觉得无所谓，反正就是冲着声音来的，外表怎么样又能如何呢？

做他人喜欢的你，还是任性做自己？

坦白说，我真的犹豫过，甚至包括后来出书选封面，我也会把封面设计图丢到听众 QQ 群里，问问大家的意见。

我原本以为自己准备好接受所有了，但后来才明白，这趟修行其实是没有止境的。

因为变化每时每刻都在发生，你以为的准备好，只是在脑子里的演练，当真的遇到事情后，那种无力感和手足无措，让人很想逃走。

我彻底放下这些，是在我获得当当网评选的“全国正能量作家奖”的时候。

第一年，我入围评选，当时很高兴，看到投票榜单有自己的名字时就激动不已，但是没被选上。

第二年，我又入围评选，我想着，要不就厚着脸皮拉拉票吧！结果还是有点磨不开面子。最后排名第四，那一年前三名去现场领奖。依然没有我什么事儿。

第三年入选的时候，我刚开始心态挺淡然的。后来看到读者群里，几个管理员每天都在帮忙发广告，给我拉票，我就想着，自己还是要试一把，行不行的好歹都尽力了。最后投票截止的时候是第五名，我本来已经放弃希望了，结果主办方说，今年扩大了选择范围，取前五名。就这样，我去现场领奖了。

在自己的小世界里还不觉得有什么，到了现场才发现来的都是畅销书作者，大都是网红和牛人，有早就闻名但从未见过面的作家，还有彼此惺惺相惜的达人。我突然觉得自己特别渺小。

我本来写了一段获奖词，也背诵了很多遍，却因为一些外在原因，导致临到我们领奖的时候，主持人用催促而坚决的语气说："来！每个人一句话就可以了。"

我心里太多的话都没什么机会说，只能尴尬地跟着第一个发言的人说："感谢当当网，感谢这个时代给了我们很多机会，才能让我们这些草根有机会走到台前。"

颁奖活动结束后，当我回到家时，已经是深夜了，可一直没顾上吃晚饭，家附近只有一家重庆小面店还开着。我把奖杯放在油腻的桌子上，拍了一张照片，算是给自己一个交代。

那一刻，我就觉得，嗯，够了，可以了。

不同的年龄阶段会遇到不同的人和风景，不论是否成名，我们都会放下一些事，放下一些人。

以前，我很怕失去，怕失去机会，失去读者，怕错过了就后悔一辈子。

现在，我觉得，有些东西，失去是迟早的事；有些人，告别是早晚的事。用珍惜的心态，对待每一件事，接纳所有的遗憾和差错，就挺好的。

/ 赚钱和工作的意义 /

有一次，我在香港大学就读的企业教练与领导力培育专业（CCLD）的同学聚会。这是我读的第二个专业，班里的同学一半以上都是做人力资源出身的，只有几个人不是做这个行业的，其中一个就是我。

CCLD 是企业教练与领导力培育的英文简称，我当时选择这个专业，其实更多的是希望提升自己的沟通能力，找到应对不同沟通模式的方法。被同学们问起选择这个专业的原因时，我说，我读上一个品牌营销专业是为了加强自己的营销技能，读这个专业是为了加强沟通技能。大家就起哄说："你干吗要加强，你话挺多的呀！"

于是我就大声地说："因为我以后要做企业副总裁，要做企业创始人。”

说完这句话之后，大家都“哦”了一声，然后笑了。

成年人学习往往需要有目的性，没有目标，很难坚持下去。

也许我说的这个目标刚好被他们认为合理，也许在我的内心，也是这样告诉自己的。

但细细想来，年薪百万也好，成为副总裁也好，或者自己开公司做个创始人，真的是我的内心想法吗？

辞职的这段时间，我没觉得日子很难熬，反而觉得很轻松。

不写书去学习的这段日子，我先后做过两家公司的股东，参与过好几个新项目，带过很多社群学习组织，我一直不认为有一天我会开公司，我甚至都没想过开了公司要做什么。可能从专业的角度来讲，去帮别人策划公司项目之类的，我还比较有逻辑，但让我开公司当老板，我就觉得太辛苦了！

赚钱这件事，快感挺难超越的。人生第一次月薪过万的时候，银行卡里第一次超过 10 万的时候，这些足以铭记半生的快乐，是你后续赚到多少个 10 万，月薪过了几个一万都无法超越的。

年少时我总是羡慕那些上班的白领，觉得他们收入高、消费高、很洋气，可等自己有一天成为其中的一员时才发现，这其中的身不由己、个中甘苦只有自己知道，而大部分时间在加班、评比，我曾迷失一般地问自己：这是我想要的吗，还是我只是在模仿曾经记忆里见过的那些高端的人？

我至今依旧喜欢工作，只是这个范畴更大了。

对现在的我来说，做饭、陪家人、遛狗、画画，所有和爱好有关的，在我不上班的时候，都会成为工作。

在辞职的那段日子里，我做了一个幸福账单，就是用记账软件设定了虚拟账户，把每一件打算要做的幸福小事都标上一个价格，按照挑战的难易程度来区分。

比如，喝茶 50 块，遛狗 100 块，给自己做一顿饭 150 块，给家人做一顿晚餐 300 块，拍一个短视频 500 块，健身一次 500 块，然后每天记录和统计一下今天做了多少件小事，收入了多少钱，我会觉得很开心。

我用了差不多 10 年的时间，终于找到了自己的价值感。

这份价值不再来自工作平台、某个公司老总的赞美，不再来自我买了路易·威登（LV）包包、我穿了定制的西服，而是我终于有了一个机会可以证明——即使不上班，我依旧有能力养活自己，我有本事把每一天都规划得很好，我可以找到一些和钱无关，但还能增加幸福感的小情趣，我相信我自己可以越来越好。

那个曾经活在黑暗里的、自卑的、小小的我，没有消失，没有被埋起来，而是学会了扫干净地面，学会了换窗帘，学会了找更多的兼职，赚到更多的钱之后换一个大房子；学会了笑，学会了真诚但有分寸地对待他人，学会了说自己的感受，而不是表达情绪，学会了照镜子，看到自己的闪光点。

我不知道这是否就叫“自信”。

30 多岁的时候，我从一个自卑的阶段转向了自负的阶段，那个时候我一直渴望发光，希望拥有舞台，那个时候我努力得让人害怕，自信得有些强势。后来我读到了一句话，“光而不耀”，从此我把这句话当作自己的座右铭。后来从出书到演讲，从做好正业到开拓副业，当一切的一切在我历经取舍，逐一完善之后，终于有一天，我在一个陌生的俱乐部做演讲，不需要再介绍自己是谁，出过什么书，有多少粉丝，只需要开口做一个两分钟的即兴演讲，然后就获得了掌声，就被人认同。在那一刻，我想，去掉那些锋利、耀眼的浮华之后，我还是跟着岁月沉淀了一些东西，而这些或许才是光而不耀的开始吧！

永远对世界保持好奇，明白自己可以赚一些钱，也可以放弃赚另外一些钱；拥有赚钱能力，有赖以生存的技能，3 年或者 5 年尝试更新自己的想法，精进自己的相关专业或者理论；扩大对工作范围的定义，把生活里的每一件有意义的事情都当成工作去完成；善待家人、珍惜时间，明白家庭对自己的重要性；找到内心里的“空洞”并尝试去修补，懂得给自己减压，并且释放更多的正能量，不断提升对幸福的研究和对生活的理解；爱读书、爱干净，保持感性和理性的平衡。

我想，这便是我如今对生活的看法，赚钱和工作成了值得一生去探索的主题。

/ 第二章 /

职场进阶：找到职场升迁的内在逻辑

我们公司的高层职级依次是：老板、副总裁、总监。总监在我们公司算是三把手。

我从开始的一个小喽啰，到现在升到了“总监”这个位置，这一路到底经过了多少曲折，我又有怎样的收获？

/ 我是怎么当上总监的 /

我最近读松浦弥太郎的《给 40 岁的崭新开始》，里面提到了一个有趣的方法，就是给自己过去的人生做一个大事记年表，尤其是从 31 岁到 40 岁这 10 年，回忆一下过去在什么时间，发生过什么事情、遇到过什么人、有了什么转折。

我觉得好玩，也尝试写了一些。我从 31 岁来这家企业，到离开的时候 40 岁，不知不觉待了近 10 年。

我来的那一年是 2010 年，那时候我刚从广告公司跟着上司一起跳槽，虽然新公司给我的职位是推广部经理，但人力资源部的小姑娘第一次叫我经理的时候，我的脸腾地就红到了耳根子。

从来没有人这样叫过我，我也觉得我取得这个职位只是因为把握到一个不错的机会。我只是刚好遇到了一个很强的领导，而那时候我又恰好领悟到，过了30岁钱有多重要，所以就和领导进行了一次还算成功的谈判，于是就看似升职加薪地来到了这家公司。

我深深地知道，我骨子里依旧是那个既自卑又不自信的小文案，一个对房地产不了解的杂志编辑。

起初，虽然我入职在集团下属的分公司，但当时和集团人员一起办公，所以并没有觉得有什么差别。最大的感受大概是：集团的各种“总”特别多，动不动就是张总、王总、李总、赵总的。那时候集团刚刚进入扩张阶段，所以人才输入也特别多，最多的时候我们有8个分管不同业务线的总经理，我们背地里都叫他们“八大金刚”。

所有企业的发展，看似不同，其实都有规律可循。

任何一个企业的发展，最开始基本是扩张、多元经营，真的是不知道自己到底能做什么，所以什么都想干。而在经历过这个“大跃进”的发展阶段之后，企业会逐渐明确自己擅长什么，以什么业务为主，以什么业务为辅，由此带来的也一定是人员的整合和更换。换句话说，我们找工作要找发展中的企业，因为在发展中，机会更多。但弊端是，因为一切都在尝试和变化，所以风险和变动也更大。

公司赚完第一桶金有了实力之后，就开始了扩张的步伐。老板雄心很大，差不多用了 3 年就完成了集团化的进程。对比小公司来说，集团化显著的特点不仅仅是战略版图的扩张，还有融资和谈判实力的增强。对于房地产企业来说，一个百十来人的小公司，和一个拥有 7 家子公司、上千人的大集团相比，能拿到的地皮以及可争取的资源是绝对不同的。

在经过了两年左右的扩张期之后，公司进入稳定期，普通工作人员和高管开始更换。历史上有很多朝代在打下江山之后，都会不可避免地进入内部整顿期，团队也一样，而这个时候原来的大将和老臣如果居功自傲，或者休养生息、止步不前，都会成为企业管理的大麻烦。

在企业管理中，老员工最难管，也最难安置，走马换将、杯酒释兵权是常有的事。终于有一天，“八大金刚”解散了，公司进入集权管理时代。在经历了人才大扩张的时代之后，公司开始把视角从向外招人才，转向对内培养人才。这时候，内部员工的春天就来了。

以上我总结的这些，是我今天站在过来人的角度写的。因为那个时候的我作为一个职场“小白”，根本不懂这回事，就是闷头干活儿，想着跟着领导有肉吃。

可惜，在职场里，有时候领导也是不靠谱的。

入职新公司不到半年，我的上司可能是不太适应甲方的工作节奏，辞职出国留学去了，留下我孤军奋战。

刚好公司吸纳人才，来了一个总经理，是个女的。当时团队内斗非常严重，所有团队里都会有这样的矛盾，空降者更是不好存活。不好存活的原因是，本以为空出一个位置，老员工有机会晋升，现在空降了一个新人，夺走了老员工的晋升机会，这很容易引发众怒。

这位女老总的到来引发了轩然大波，原本等着升职的副总脸色一变，对她各种抵触和抗命。我当时归另外一个副总管理，也就是我那个打算留学的领导，女老总无兵可用，就抽调了我当她的小跟班。

我位卑言轻，加上当时本来就没自信，如果女老总有机会带我学习，我自然是非常乐意。因此，另外一拨同事没少在背后骂我是“狗腿子”，我也管不了那么多，领导吩咐的活儿，你敢不做吗？我自己又天性好强，总是希望把工作做得好一些。

就这样，我得到的回报是入职一年加了 3 次薪，获得了当年的优秀新员工奖。全体入职的新员工只有两个人被评上，我是其中一个。年底绩效考评是 110 分，满分。当然，代价就是被那位副总恨之入骨，之后被惨整一年之久。

见识了职场的内斗，也见到了一些龌龊的小动作，但这些都没有打消我学习的欲望。那时候，对我来说，什么都是全新的，我就像一块干燥的海绵一样。入职一年来，我做了一大堆的事儿，比如，负责6场公司500人左右的培训工作，做了3本杂志，并获得了地产圈的最佳内刊奖，还对接了3个项目，同时兼任总经理的助理加拎包小弟。

我那时所做的一切，都只有一个目的，就是希望在这个公司活下去，能学点东西，多点自信，对得起“部门经理”这个称呼。

不久之后，企业人才整合，老板一顿饭就把总经理调去集团担任其他部门负责人了，不知道是因为听了副总的小报告，还是因为团队内斗严重怀疑总经理的带队能力，但这些都是我的个人猜测。

接着，又空降了一个总经理，是个男的，后来我们叫他老孙。老孙算是教我学会做领导的启蒙老师。

他上任不到半个月，就捋顺了整个团队的风气，还帮大家争取了许多福利，把副总也安顿得服服帖帖。之后就以铁腕把团队成员换成新招的他过去的部属，当时我都被吓傻了，现在回想起这个阶段，对他都既敬又畏。关于老孙的故事，以及我在他手下如何成长，包括后来如何去找副总谈判获得和平共处的机会，这些经历都在《扛得住，世界就是你的》那本书里写过，这里就不再重复了。

2012 年，我来公司两年了，把人际关系都捋顺了，有了一个榜样，或者说是偶像一般的领导老孙，也有了自己的小团队。但我还是那个朴实的小男孩，没什么野心、没什么斗志，脑子里依旧希望以做事儿为主，学东西对我来说是最重要的。然后，我就接到了调令——去集团做品牌经理。

那时候，老孙已经带领我们这些人独立出去，自己租了办公室，整天嘻嘻哈哈，没那么多上下级的拘束感。当时，老板也在试水阶段，让自己的全资子公司的销售团队出去接活儿，去卖别人的楼盘创收。

我当时闻所未闻，觉得老板是不是疯了，让自己的销售团队去卖别人的楼盘？！直到很多年后，我自己也面临这样的境况时，才算彻底明白老板的心意。关于那段经历，我在后面会专门来说。

那时候团队成员都是年轻人，大家心气儿高，总觉得老板提的要求虽然不可理喻，但没什么大不了的。唉……我们真的是太年轻了，完全忘了对老孙来说，他是否志在于此，他的斗志怎样，他的压力如何。

许多年之后，当我坐上部门负责人的位置，每个季度都在看部门的绩效和回款，每个季度都在开会的时候听到可能裁员的消息，我终于体会到了做领导的难处。

总之，我当时凭借一腔热血放弃了回集团的机会，集团就招聘了新的品牌经理。而我们雄心高涨的小团队，在半年之后土崩瓦解，因为业务指标没完成，办公室直接被宣布退租，公司全体成员被要求回到集团。两周之后 80% 的人辞职，其中包括我的小团队。而我就是留下的 20% 之一，我不是不想走，而是我自己也不知道可以去哪儿。

回广告公司？我不太想再从文案做起，甚至都不想再去拿那 5000 元的入门工资。

换家企业继续做内刊？这种事是要碰机会的，我当时已经做到了主编的位置，你听过杂志社有编辑辞职的，听过谁家杂志主编能辞职吗？

可留在这里的话，更尴尬，我等于是分公司解散被集团接收的，降薪录用，灰溜溜的不说，职位还尴尬，因为那边已经有一位做了大半年的品牌经理，我回来也是品牌经理，这算几个意思？

而我回来的第一道难题，除了帮忙组织年底的年会之外，更重要的是要写第三年的品牌年度计划。

我知道这就是一份考卷。所有的考试都很难，不让你扒一层皮，那你也把职场看得太简单了。

对销售来说，如果房子好卖，老板找你干吗？老板花钱请你，就是希望你凭借你的专业能力，可以把房子卖出更高的价格。

同样的，对我来说，一个部门根本不需要两个一样职位的经理，你拿不出比另外一个更好的计划，公司凭什么留下你？

我的那份计划被打回来两次，理由都是没有新意。

我也尝试去问过我的直属领导，那你更看重什么？对方的回答是，我不知道，这是你要考虑的问题。

我整整两周都在加班，而且是无效的加班，逼迫自己写计划，那是我最不擅长的东西，我怎么知道明年品牌部要做什么呢？

那时候我反复逼问自己，我是不是真的蠢，不适合这份工作？

我行尸走肉一般地逼着自己，假装看起来很努力。晚上 10 点下班，我订好外卖，在工位上边吃边看综艺，哈哈大笑，然后再去洗手间里干呕，吐得干干净净。

压力，是最可怕的东西，可以逼疯一个人。

没有人指责你，可你就是觉得，自己一无是处。

直到后来和以前广告公司的同事聊天，当我在羡慕她可以继续做营销的时候，她则羡慕我有机会做品牌。我俩照镜子一般的彼此羡慕，我才突然明白，在我看来是困境，在别人看来却是机会，如果当这样的前辈都有机会来做品牌的话，那我依旧还是团队里的“吊车尾”。

为什么我只配做人家的下属？现在明明就有一个机会，让我可以积累经验做别人的前辈，这样不好吗？

我总是怕出头，总想当个二把手就好，总希望有领导帮我扛着，我做点简单的工作就好，但这样的日子迟早会到头的。

我迟早要承担属于我该承担的一切，包括压力、绝望，甚至是自我否定。

人的成长，都是先从内心开始的，内心坚强了，外在就会在一夜之间发生变化。

我活了 30 多岁，那一晚第一次考虑，明年我要做什么。也是从那个晚上开始，命运把我推到了一个要求我自己做主、判断、计划并且落实的时刻。

主动，就是最好的想法。

当一个人被动的时候，他的确是最好的执行者，但执行力永远都是 80 分以下。

在一个不是你主动提出的事情上，你永远只能做到 80 分，你可以让所有人满意，但你不能创造惊喜。

只有当你把“要我做”换成“我要做”，当你把你做的哪怕再微小的一件事，都当作自己署名的作品一般，你才能灵感迸发，你才能光芒万丈，你才能思如泉涌，你才能战无不胜。

我重新审视了明年常规要做的四项工作内容，我每一项都在自问，我最想做什么？我还希望这个项目可以怎么玩？有没有什么更好玩的方法？我是否能找出新意？我能总结成一句话或者几个关键词吗？

这些自问，在以后的每一个年度计划撰写之前，甚至在我每一次给董事长的提报里，都始终如一地存在。

结果，就如你们今天看到的，我站上了擂台，然后赢了。

我不是赢了对手，我是战胜了自己。

从那一刻开始，我明白，不要让自己处于安全期，要养成危机意识。当你不能给企业提供更多的惊喜，就是你失去价值的时候。

接下来的一年，我的品牌计划执行得非常到位，并且重新组建了团队。

第二年，我的部门独立了，从原来的董事长办公室剥离出来。

我作为部门负责人，开始参加董事长的常规工作会议。参加会议的都是总监以上级别，只有我一个人还是经理，我开始有些嫉妒，却无可奈何，毕竟我的部门还太年轻，没什么成绩可言，这时候提什么都未免有些不合适。我反复安慰自己说，再忍忍吧，把手里的项目做完，也许就有一个好的结果了。

我却万万没想到，以前只是风云突变，这次是天彻底塌了。我的直属部门领导因为一些事情失信于老板，让老板对她丧失了信心和信任。多年的老部下，最怕的就是伤心，老板也是人，也一样会有情绪。

领导失势，最大的体现就是下属遭殃。她原本过于强势的工作作风得罪了很多人，这些人趁机开始反扑。我作为她手下的部门负责人之一，很多次都难逃开会时被正面攻击的境地，第一次意识到升职或许无望，我的职场瓶颈期开始了。

2014 年，我被攻击得体无完肤，开始把重心转移到网络。因为在网上写自己的职场总结，我被网友关注，于是出版了自己的第一本书。我从这本书出发，刻意锻炼自己的演讲能力和规划能力，我开始把在企业里为品牌做的一系列理念，应用到个人品牌的规划上。

2015 年夏天，部门空降了品牌总监，我做了 5 年的品牌经理，终于也算是看到了自己部门的希望。如果你问我是否对这个职位有所期望，坦白说是有的，但对于一个老员工来说，企业往往会对你有一个既定印象：他们宁可相信远来的和尚会念经，也不乐意相信自己公司 5 年前招进来的拎包小弟，今天配得上 50 万的年薪。这是人之常情。

我们总会用老眼光去看待熟悉的人，不论他如何成长、发展，我们能想到的都是他最开始不堪的样子，就好像大家都是相识于微时的老朋友，可能你根本看不到他在你面前挥斥方遒的样子，只会记得当年你们两个一起躲在出租屋里，被房东催要房租而不敢开门的窘境。

打破既定印象是很难的，陌生人可以用包装来粉饰自己，而熟人则需要 2 倍甚至 3 倍的努力，才能让大家高看你一眼。

因此，上司告诉我这个决议的时候，我的心态很坦然。公司觉得给我升总监不值得，所以才从外面招一个人进来。这我很理解，这对我来说也是一个学习的过程，毕竟摸爬滚打了 5 年，我虽然有成绩，但缺乏系统性。

新来的总监刚到公司，就玩起了职场权谋那一套，趁着我参加集团出国考察的机会，逐一找我的下属谈判，并且宣示主权，告诉大家他才是领导，凡事都要听他的。

坦白说，这招挺蠢的，但一个空降领导害怕被架空，希望可以掌握更多的实权，让自己更有安全感也无可厚非。

但是，一个空降领导如果没有专业能力，不能服众，而只有表面的管理才能，依靠拉帮结派、分化主权这种方式，也是缺乏管理技巧的。

我出国回来后就觉得团队氛围不对，摸底了一轮情况大概心里有数了，看来新领导是要打算把我撤掉，换成自己的人，以便于他的管理，这就是博弈。

所有团队的老员工都不好管，一来，很多老员工因为常年得不到晋升很容易变成难管的老油条，空降型领导很容易被架空，或者管理受阻；二来，很多老员工会对空降者有敌对情绪：是你占了我的位置。

我不喜欢打小报告那一套，我也不希望成为当年那个副总那种人。

不过，职场不是人不犯你就天下太平。新领导需要安全感，上任三把火免不了会烧到我。

只是，我再也不是当年那个被老孙在会议桌上大骂就吓得浑身发抖的“小白”了。你若希望自己在公司里有位置，或许我们无法做到不可取代，但你要时刻衡量自己的位置以及负责的内容：什么东西是离开了你，公司需要支付更大代价才能弥补的。

公司会在代价面前权衡利弊。

虽然有的企业会给新官烧三把火的权力，可以换人，但往往你要换的都是无足轻重的人，上来就把核心人才换掉，也恰恰暴露了你的管理短板。

对企业来说，用新人领导存在风险，因为对老员工是伤害，新人也存在包装和光环效应。在这样的风险下，如果撤掉一个核心员工，再更换一个新人，那么这个风险概率会大于 50%，而且很容易两个人都过不了试用期，那这个部门也就要完蛋了。

任何一个企业都不敢冒这种风险，除非这个部门原本就不想要了。

我在公司 5 年的时间里，责权分工一直明确，我的下属从创意到规划上都无法取代我，从任务部署到向上沟通上也是如此，这是我确认过的自我价值。我的确担心我离开这里未必还能找到同等薪水的工作，但我也很确切地知道，企业现在希望我们部门发力，而我，是这个发动机的一个重要组成部分。

一个领导不能判断出工作重点，往往就会做出愚蠢的决策。

新总监从我手里抢夺下属的那一刻起，他就已经输了。许多年之后，我终于明白，如果你的领导害怕下属比他强，那这样的领导没什么可怕，因为他从一开始就输在格局上。

不敢和强者做朋友，害怕用强者当下属，担心下属抢了你的位置。如果一个领导每天考虑的都是这样的问题，那这个团队也不必留恋，因为内耗和沟通成本一定特别大，而且这种领导工作起来也一定很难配合。

当然，那个时候的我还不能总结出这些道理。那时候，我已经出了两本书，第三本书也马上就要上市，我最大的自信是可以通过写书养活自己，而且我预估了在团队里的位置和价值。既然新总监希望替换我，那我就把这个风险交给公司去判断。

果然，我的直属领导没多久就知道了这个消息，她几乎毫不犹豫地做出判断，让新总监出局。她问我对新总监有什么印象，我客观地给出利好的评价，包括对方的人脉资源、逻辑能力等，接着我表示了之后要辞职的打算，因为我已经得知自己的下属被宣示主权，自己已经被架空，我并不喜欢这样的工作氛围。直属领导说："你刚刚说他的管理能力比较好，但我觉得如果他不能管好你，那这个人就不合格。"

新总监在离试用期结束还有几天的时间，止步于此。

我并没觉得我赢了，但我觉得他从一开始就输给了自己。

2016 年年初，我被升为总监，当然，是那一群总监里级别最低的。

老板每次开周例会的时候，对我的部门提到的最多的一个词儿就是“不够专业”，觉得我虽然做了很多，但是缺少章法。还是那句话，要改变一个人对你的既定印象很难。

后来，我自费报名了香港大学专业进修学院，系统地学习了品牌营销课程。半年后，为老板做新品牌的提报，我拿出了公司品牌的 3 年发展规划，老板立刻对我刮目相看。

我至今不知道老板对我的态度改观，是从她听说我自费去读书开始，还是从她听说我去的是香港的一所大学开始。

2017 年下半年，我通过了老板的考验，顺利接手了集团旗下的所有品牌，统管集团旗下 7 个品牌的整体进度。

如今，我依旧相信，把经历的每一件事都当作一个触动和变化的开始。

变化一定是先从内心开始的，不用着急，变化可能都伴随着痛苦，要学会和这些痛苦相处。你的能力的呈现，可能只是一个机会，或者一句话，让别人对你刮目相看。可能在他人看来是一夜之间的事，只有你自己知道，你走过了多少沟壑、险阻。只有把它们踏成平川，你才能获得属于你的荣光。

/ 你干得多，就应该赚得多吗 /

我表弟最近很郁闷，因为他在工作中遇到了特别棘手的难题。他们公司新来的总经理之前承诺过他，只要他完成年度业绩指标，就升他做副总监。结果，刚过了年，不知道什么原因，总经理空降了一位总监到表弟的部门，而且这位总监还带了一位副总监来接手表弟的业务。

表弟很苦恼，一方面是他觉得领导言而无信，另外一方面是为到手的职位飞了而懊恼不已。

我问他："你觉得总经理这么做的目的是什么？去年的业绩你完成得不错，利润也达标，该不是因为完成得太容易，所以总经理决定自己要接手这块利润吧？那你可要小心了。"

表弟露出一脸苦不堪言的表情说："这我哪儿知道，看来我今年升职加薪的梦要泡汤了，我都计划好了，等月薪到两万的时候我要怎么花呢，谁知道突然来了这么一出戏。”

我笑了笑说：“别说我吓唬你，如果高薪那么好拿，那人人都是富翁了。你最大的短板就是人际关系差，少了这一块木板，即便你升了职也未必守得住。”

我不知道现在的年轻人会不会对月薪两万嗤之以鼻，这个数字在我 30 多岁的时候，无异于一辈子都拿不到的天文数字。

那时候如果听到谁月薪两万，我会本能地觉得对方了不起。直到这几年，不知道是我落后了，还是物价飞涨了，回到老家听隔壁邻居说，某某家的孩子做主播一个月就赚好几万，我也看不懂这个世界了。

以前，每年春节回老家，遇到亲戚、朋友问起一个月赚多少钱，我总是假装不经意地说，也就一万多块钱吧！那种看似不经意的态度，却总是被忍不住上扬的嘴角所出卖。

我记得第一次月薪涨到 9800 元的时候，是在老孙手下，当时我们俩在他办公室喝茶，旁边还有人力资源部的负责人。他假装不经意地说：“公司有一个涨薪的名额，我报了你，集团批了。”

我也假装不经意地回答说：“那能涨多少钱呢？”

人力资源部的负责人就在一旁回答说：“你原来是 8400 元，涨完是 9800 元，每个月应该还有 1000 多元的车费补助，其他吃饭补助和电话补助还是照旧。”

我故作镇定地拿起茶壶，给老孙和自己都倒了一杯说：“嗯，也还行。”

其实，那时候的我已经快要抑制不住自己咧到耳根子的微笑。

好不容易忍到下班，我第一时间给老妈打电话，告诉她，你儿子现在也是月薪一万的人啦！当然，月薪一万还是要加上补助什么的，这些我就没说。

那时候觉得自己可了不起了，当时我才来这家公司仅仅两年，而两年前我还只是一个月薪 5000 元，两年工资没涨过一毛钱，也没有存款的笨蛋。

我那时说的豪言壮语是，哪个公司给我开到年薪 10 万，我就在那家公司干到死！

一年后，我月薪 8400 元，我对自己说，这个不算，这是税前工资。又过了一年，薪水过万了。

我关于工资上涨的记忆都停在了那一天。

我甚至都还记得，那天我特意去肯德基买了 5 盒鸡翅当作给自己的奖励。

从那一年起，我的银行卡里开始有了存款，也就是那一年春节回家，当别人问起我一个月赚多少钱的时候，我会假装平静但掩藏不住得意地说："也就一万多块钱吧！"

那时候对我来说，两万块钱月薪简直就是天文数字，就是高薪了。

从那之后我变得对工资涨幅无感，我开始关注净收入，关注我的等级排名。每个公司的职位都分等级，同样是经理，有的是经理 1 级，而有的是经理 10 级。

忘了从什么时候开始，我把每月的收入记录在案，年底汇总得出自己的年收入是多少。我的年薪从 10 万涨到 12 万，然后在 15 万停留了一下，后来卡在 20 万不动了。

薪水上涨的背后，带来的是压力，是更多的工作任务，是加班，是随时可能扑面而来的职场斗争，是一次又一次的挑战和难关。

我很想对表弟说，一个只懂做事的人，年薪可能停留在 20 万上下。因为如果你不关注人际关系的话，你没法掌握一定的团队管理技巧。

薪水超过两万之后，我开始不记得数字这件事。我被很多突如其来的任务追得团团转，不得不面对自己不擅长的人际关系和团队管理。

每当打击让我自信全无，压力让我趴在地上喘不过气来的时候，支撑我熬过来的，往往都不是工资上的那些数字，而是一个疑问：你的本事，是不是就只能到这儿了？

心底则有一个声音在回答，像所有的拳击手被打得面目全非，趴在拳击台上被裁判问，你是否认输时一样，我都会出于本能地回答一句：不！我觉得我还能行，我还能再站起来。

许多年后，当我在选择一项业余体育爱好的时候，我选择了拳击。

很多认识我的人都很诧异，而只有我自己知道，这个赛场的舞台，我已经站了很多年了。

每当我脚步沉重，目光模糊的时候，最刺激我的不是“加油”，而是那句反问：就到这里了吗？你认输了吗？

不，我想我还能行。

不，我还想再试试。

我发现我的存款超过 10 万元，其实是一个意外。那时候我还去银行打印存折，之前每次去自动取款机上存钱的小票我都留着，有一段时间是固定的 3000 元，有一段时间是固定的 5000 元，然后每年夏天，我会打印一下存折，看一下总的存款数字。

看到 10 万的时候，我晃了一下神。

我想起许多年前那个来北京赚钱的少年，背负着 10 万元的外债。他每晚都睡不踏实，他怕极了。他怕被公司开除，他怕自己在这个城市里碌碌无为，他拼了命地做了那么多兼职，马不停蹄地换着工作，就是希望有一天可以赚到大钱。

我想起当年组建漫画工作室被骗了，我坐着公交车跑到特别远的地方去要债，被对方各种言语羞辱，各种推搡，最后丢给我 400 元。我捏着钱哭了一路，然后下一周还硬着头皮继续去要钱。

命运往往会跟你开玩笑，当你越盯着钱看的时候，越赚不到钱。

当我放宽了眼光，开始懂得要赚钱，先要学会拒绝；要找工作，先要结交朋友的时候，因为一个意外的机会，我赚到了人生的第一笔 10 万元。

那笔钱只是让我卸掉了压在心上的大石头而已，其他什么都不能证明，不能证明有能力，也不能证明有才华。

此后我陷入一段漫长的迷茫且缺乏动力的时期，我不知道为什么要赚钱，也不知道赚钱的机会在哪里。之后又是一个意外，被朋友推着去了广告公司面试，误打误撞地通过了面试。我待了两年，依旧战战兢兢，好不容易遇到领导带着我跳槽，才算是我人生第一次参与了有关自己未来的选择，为自己争取到了高一点的薪水。

从那之后很长一段时间，我都是在为了保住这份薪水而活，我所有的成长都是被迫的，都是不断遇到危机，不断去解决问题，然后一层一层地扒皮蜕变，最后走到了今天。

后来，我的年薪突破 30 万元。这对自己是一场极大的考验，它逼迫你去正视自己的短板，然后去尝试修补；它逼迫你直面自己的瓶颈期，然后找所有的助力去突破；它逼迫你必须找到自己的价值，找到不被他人替代的理由；它逼迫你必须自信，不然你凭什么承担之后的风险？

年薪 30 万以后，你会变得有目标感，开始留意自己的逻辑表达。

年薪 50 万以后，你的抗风险能力会变强，你不会惧怕浮动薪资，你会把挑战当作机会。

我差不多是在年薪 50 万左右的时候，可以坦然面对职场高管的薪资调整，也就是我们说的浮动薪资。我们公司把高管的年薪按照不同的比例，分成季度考核、年度考核以及奖金包等不同部分。这几年许多地产公司采用了三七开或者四六开的形式，一来是把核心高管层的个人收入和企业的赢利情况挂钩，二来我猜想应该也是为了预防高管辞职。

毕竟，如果你离职的话，你可能要考虑的不只是一个月的工资，还有年薪的 20% 可能会泡汤。

这件事让我学会从更长的时间维度去看待自己的薪水浮动，包括我会对比每个季度的绩效分数，我会关注公司的财务报表、每月的经营快报和公司目前的产业结构。

甚至出去面试的时候，我不仅关注薪资数字，还关注企业目前待解决的问题以及板块划分体系。

公司面临什么样的状况，决定了公司乐意花多大的代价来请你，从而决定了你的起步工资范围。部门的板块划分决定了你未来的汇报对象以及职级范围，你的直属领导的思维决定了你在试用期的表现。

举个例子，如果品牌部归市场营销部管理，那么品牌部就要服务于营销工作，和销售回款挂钩。那么你就需要有短平快、见效果的点子；如果品牌部的汇报对象是董事长，那么你就需要有大局观，你要负责的是全体的推进和整体的把控，你要变成制定游戏规则的那个人。

高薪酬则意味着机会更少，竞争更激烈，判断需要更精准，提问要更到位，抗压性要更好。

以前我从没想过自己有一天出门求职，胆敢报价年薪 100 万元。可随着我年薪的增高，随着我从关注事到关注人，再到关注全局的时候，我逐渐清楚了每一个数字背后的隐性要求。

我老妈都知道，老板不会白给你开那么多钱。表弟目前还陷在“我干得多，我就应该赚得多”的阶段，可老妈和表弟都不知道，那加薪的台阶，每走一步都是一次蜕变。升职加薪的奋斗路上，压力和挑战是你的朋友，不服输的斗志是向上的动力，把工作当作展现自我价值的一个侧面，而不是全部。就像少年时代我总结的那样，当你的目光不再只停留在钱上，也许才是你真的赚到钱的时候。

/ 如何理解老板的思维逻辑 /

每个老板的内心可能都住着一个任性的小孩，尽管他们自己不乐意这么承认。企业越大、年纪越大的老板，越容易根据自己的直觉判断，也就越容易自信，而这样的老板也越有可能安排一些不可思议的任务。

我 30 岁的时候还在广告公司，那是一个特别讲求创意的地方，也因为如此，公司的年会才更让人头疼。那一年应该是公司成立 10 周年，老板利用人脉关系，借了三环边上的一个展览场地，希望给公司的 10 年庆典办一个具有纪念意义的展览。

这样的话，现场的布置就显得极其重要。为此全组开会讨论了好几次，但方案一直不讨老板喜欢，于是老板决定亲自下场带着我们开会。虽然他名义上是公司老板，但平时更像是一个大男孩，对什么都好奇，也没什么架子。对广告人而言，广告公司的老板更多的时候都是创意和策划的“老大”，所以大家平时也都以兄弟相称。

广告人有两个毛病，一个是特别喜欢熬夜开会，一个是特别容易自嗨，而忘记了预算。我是那次活动的执行人，所以我必须参会。老板还叫上了财务总监，负责把控成本，毕竟是花自己的钱，他特别希望花小钱出大效果。

我不知道你现在的老板是不是也这样。我后来才发现，很多老板都这样。那时候的我毕竟太年轻，还不知道老板的脾气，所以当几个方案都被否掉，已经快凌晨 3 点的时候，我有些崩溃，因为我实在不知道老板到底想要什么。

“你希望有好的效果，那麻烦你就多给点钱；你没钱，那就稳稳当当选个安全牌。我们是广告人，可我们也不是神仙，哪有那么多既要效果好，又要价格便宜，还要具有传播力度，客户来了又能记得住，又觉得好玩、新鲜、刺激的。”

“这大半夜的开会，不讨论出结果不放大家回去，你自己可以回去睡大觉，我们回去洗个澡睡两个小时，可能又要回来上班，还要开下一个会！没有什么最佳解决方案，老板，你醒醒吧！”我满脑子都是这些对老板的吐槽。

大家都人困马乏不想说话，于是后来变成了老板开始提议，而我则从现场执行的角度去判断是否可行，财务总监会从整体预算和执行价格角度判断是否超标。最后看起来特别像我和财务总监联合起来打击老板，而且还是有气无力不想和他争辩的那种。

“你说，我们在入口的位置摆个房子怎么样？就像那种装置艺术一样，客户来了可以弯腰进去参观。我觉得我们门口缺少一个比较震撼的直观景象。”老板又一次不死心地开了个脑洞。

“那材质以什么为主？”我看了看手表，没好气地问。指针显示已经快凌晨 3 点半了。上午 8 点我还需要交一个客户的总结报告，这也就意味着我回家洗个澡，睡 3 小时左右就要起床赶到公司开始写报告才来得及。

“用硬纸板我觉得就可以，这样整体造价还能便宜一些。我还认识一些艺术家朋友，可以让他们来指导一下，我觉得要有半人多高，大家弯腰可以进去的那种，整体看起来就好像我们人生第一次租的房子，可以不用特别大，但可能也需要有这么大……”老板开始兴奋起来，边说边比画。

“房子有屋顶吗？”

我的这个提问让老板愣了一下，很明显他刚刚只是在考虑房间的布置问题。

没等他回答，我又补充了一串儿：“按照你刚刚说的这些，我们需要先搭建一个小的走廊，让客户有一种局促感之后，再看到一个空间，才会有豁然开朗的感觉，而这种感觉就需要全封闭。所以不管房间有没有顶，那个走廊都必须有顶，这样的话一人多高的纸板，不论是牢固性还是承重都会出现问题。

“按照你刚刚的想法，我们在现场的布置至少需要 20 平方米，而且房间如果有顶的话，就需要在纸房子里架设灯光照明设备。此外，我们还没有考虑怎么退场的问题，狭窄的走廊不可能双向通行，所以还需要一个出口，这样的话可能布展面积会更大，整体造价就会上去。除此之外，还需要考虑纸房子的外观设计，因为来访的客户不可能看到一个窝棚一样的东西就敢钻进去。所以综合下来，我估计这个纸房子可能会花掉我们一半左右的预算，这个我不知道是否值得。

“除此之外，我们还要考虑这个小房间可以容纳多少人；客户参观是不是需要排队；这个纸房子放置在门口签到台附近，会不会给签到造成麻烦和人流拥堵；还有，展览完事儿之后，这个纸房子没办法回收和再利用，花这么多钱，就用几天，不知道财务总监是不是觉得合适。”

财务总监听到这话，果断给出了否定的态度。

老板说：“啊……是这样啊，这点我还真的没考虑到。那要是入口的位置用气球布置一下怎么样？要纯黑色的那种气球，最好厚一点不怎么透光的，铺满一地，一进门就犹如黑色的气球之海，特别震撼！这样和场地整体的白色会形成反差，第一眼看上去也会特别酷，你觉得怎么样？”

我说：“老板，这种黑色气球因为颜色比较特殊，所以价格也会相对比较贵，一个气球的价格大概在 2 块钱到 5 块钱不等，我们假定一个气球吹起来之后直径是 30 厘米大小，1 平方米至少需要 9 个气球才能铺满。我们一楼的展厅面积有 1000 多平方米，如果要铺上这样的黑色气球需要多少个？

“此外，我们还没有考虑嘉宾要怎么在气球之海里移动和参观。现场签到台的两侧还有两个 1.5 米宽的喷泉池，现在虽然没有水，但也有一定的深度，铺上气球之后，客户极有可能产生视觉盲区，跌落下去。所以我们至少要在喷泉池旁边，每 2 米左右安排一个工作人员做安全提示。我们为了这个展览要买上万个气球，现场可能还会让来宾扭到脚，你觉得合适吗？”

“那你说怎么办？”老板被我打击得有些急眼了。

我当时头疼欲裂，一点好脾气都没有了，直接甩了一句：“如果没有更好的创意，我们就执行最安全的，把这次活动当作一个普通的展览，现场什么都不放，大家安安静静地看完展览，走一圈就好了。我们要让来宾记住我们 10 年以来的作品，作品本身就已经是亮点了。”

我说完这句话，直勾勾地看向老板。已经凌晨 4 点了，我觉得我的睡眠时间又少了。

我非常明显地看到老板的眼睛里，有类似火花一样的东西，一闪就消失了，整个人仿佛一下子被抽走了力量，颓丧地坐在椅子上，他喃喃自语：“安全牌是最好的吗？”

之后大家就匆匆散会了。那时候的我并不理解，一个创意者被执行的现实和预算双重打击之后的落寞。

那次的展览最后在另外一位总监的建议下，采用了大生产时期的搪瓷茶缸，在入口的位置摆了一面类似风格的墙，又加急买了一批红色围巾，取抱团过冬的意思。白色的展馆配上红色的细节点缀也算是视觉对比强烈，我把原来的西式茶点换成了中式的豌豆黄、糖葫芦、山楂糕等，整体来说也算是圆满收官。

那时候的我还只是一个执行层的员工，更多地偏重于完成任务，希望这件事万无一失最好，无功无过对我来说就是最大的成功。而老板要的是效果，对他来说，没有效果的事情，还不如不做。可惜我并没有理解到，始终把自己放在老板的对立面，总是摆出一副“臣妾做不到”的臭脸。

后来我跳槽到地产甲方公司，遇到了管理层偶像老孙，跟着他学习怎么做一个领导。老孙也被老板提出了一个异想天开的要求，希望老孙带领的销售团队出去接活儿。

嗯，没错，我们作为一个开发商旗下的全资销售公司，自己的房子现在还没预备好销售，老板却让我们先去卖别人的房子。

听起来是不是不可思议？当时整个团队的人听到这个消息之后，都觉得“老板是疯了吧”。老孙则笑笑说：“这不是挺好的吗？我认识那么多老板，他们手里都有在建的项目，你们两个明天跟着我跑一趟。”

他随手点的这两个人，其中一个是市场部的辣妈，另一个就是我。

我在老孙身上学到的第一课就是：任何时候都不抱怨老板下的指令，要积极地想解决办法。

一个甲方的新销售团队，想在市场上接到项目，要战胜的自然是市面上的专业销售公司，而想赢得比其他专业公司更多机会，只能靠人脉，这种人脉是需要酒局来联络的。我自己特别不擅长喝酒，应该说，我不仅不擅长喝酒，还不擅长祝酒以及拍马屁。但老孙真的是让我大开眼界，酒桌上从左喝到右，所向披靡，祝酒词都不重样。难怪他之前一直都说自己当年是销售的排头兵，我也算是见识了一次当年销售冠军的风采。当然，我也见识了他在笑脸相送之后，跑到小胡同去狂吐的狼狈相，后来还有一次他喝到胃出血住院了。

不过老孙住院的消息并没有感动老板，老板给出的高佣金、低提成的策略让谈判陷入了僵局。所谓高佣金就是我们要从甲方客户手里拿到和市面上专业销售公司差不多的佣金，比如卖一套房子，我们要赚取 8% 的服务费。甲方虽然是老孙的好哥们，但大家毕竟是做生意，我们这个小公司名不见经传，而且在市场上没有什么代表作品，能和我们签约看中的一定是我们的性价比，所以甲方开价是 6% 的佣金。

生意人做生意，讨价还价是免不了的，我以为最终大家会折中一下，彼此各退一步。结果，老板又提出了低提成的要求。低提成的意思就是，赚来的佣金都要上缴给公司，团队整体只拿很低的提成。也就是说，比如卖一栋房子得到的佣金是 100 万，那么这些要全部上缴给集团，集团会按照年度的完成额度总数，扣除我们的办公室租金、人员开销等开支之后，再返还到团队，可能返回的只有几万块钱，而这点钱还要整个团队 10 多个人一起分。如果集团定的年度指标没完成，那这几万块钱都没有。

这听起来怎么都是一桩只赔不赚的买卖，老孙跟老板沟通了几轮，双方僵持不下，于是他决定辞职走人。他走后，整个团队就彻底解散，被集团收编。

我一度特别无法理解老板，实在不懂为什么她放着眼前的钱不赚，非要那么逼老孙，最后弄得老孙撒手不管，团队解散，有这个必要吗？

直到几年之后，我的部门开始独立，我需要单独和老板做提报，每周都和她开办公会的时候，我才渐渐懂了她的心思。

虽然古话说，用人不疑，疑人不用，可老板用人则是各有各的原则。我那前任老板的原则就是：用人就是考试，你考过了，我才会把大的项目给你。老板根本不是希望让老孙出去接项目，她其实就是想看看，老孙在种种条件之下，最后能不能“憋”出点东西。

这点也是我和老板相处两年之后逐渐找到的感觉，没有人乐意听否定的话，老板也不太爱说否定的话，但老板喜欢下属倾尽全力。她想看看，你是不是真的无计可施，现在你拿出的方案是不是真的就是最终稿，还有更好的吗？

这种用人的方法到底好不好？我觉得见仁见智。但我从她一次一次开会，训斥其他部门的领导和给他们逐渐施压的过程中，发现了老板的套路。

她当年给老孙的考卷，一来是希望看看老孙到底有没有赚钱的本事，二来也是希望看看老孙的能量到底有多大。但老孙在赚钱这件事上想得太简单，解决的办法也太粗放，于是老板就又提出了更高的要求，想看看面对这个要求他如何破题。

对老板来说，她想找的是未来可以卖总价超过80个亿的高端别墅的销售总经理，她未必能看得上我们酒桌上换来的区区几百万的民宅。她自己隐含的标准非常清楚，如果这个房子你靠关系拿来，靠低价格做下来，那我还没有看到你的价值点。所以，她会出难题，看对方如何解决难题，考查对方的能力。

毕竟比起几个亿的房子来说，几百万的房子面临的问题和销售难度一定小很多，如果小项目的问题你都无法解决，真的把大项目给了你，岂不是风险更大?

我之所以能总结出以上这些经验，是因为我也亲身经历了这个环节，而且几乎和当时的情况一模一样。

那时候，我带领的品牌部整体发展势头越来越好，老板希望品牌部能够发挥更多的作用，于是让我参与别墅项目的营销指导工作。这个项目本身就有市场策划人员，我带着手下的设计师过去，顺带解决案场的一些物料设计等工作，开始的时候大家都是蒙的，权责都不明晰。

从决策上来说，老板在场，拍板的当然是她。但从流程上说，设计要求都是项目上提报，然后设计师开始设计，最后形成提报文件，我在过程里只把握大方向，那么麻烦就来了……

人的审美各有差异，我觉得红色好看，你觉得绿色好看，这都没问题。关键是搭配，你觉得红色配白色的字清爽，但我觉得不上档次。这就造成了一个设计文件，我满意了，提交过去之后，市场营销部的人不满意，他们要求按照他们的意思改完之后，我又觉得丑，于是设计师又拿过去再修改。

在这种集团化的公司里，部门合作最麻烦的是不事先说清楚权重，也就是谁管谁的问题，没游戏规则，人人都觉得自己是领导，都可以指点一番。

项目的策划人员觉得我虽然是做品牌出身的，但是对项目了解得不多，他们做这个项目两三年了，凭什么我过来指指点点。

我自己觉得高端品质和调性，其实是取决于你向谁看齐，所以我在做设计方案之前，给设计师参考的都是高端豪宅的整体色调和字体，你没有审美没关系，但你不能一意孤行吧？

因为这个矛盾，我和项目负责人没少吵架。

老板当然不傻，自然也看出来了，于是在一次季度绩效评估会上，因为我们部门拿了全集团排名第一的好成绩，所以老板难得地夸了我好半天，说我这个阶段做的事情有条理，成绩不错，落地见效快，方案有想法……我听得正美呢，老板忽然甩过来一句：

“我觉得你和你的小团队应该是全集团目前最有想法、最有干劲儿的团队，完全可以独立成自己的业务部门，甚至都可以出去外接业务了，你说是不是呀？”

我听前半句还很美，听到后半句就大概明白老板的意图了。敢情老板前面说好话，就是为了把我架到那个位置上呀！我没有再像当年在广告公司那样，有理有据地回绝老板，告诉她这事儿不可行，理由有一二……毕竟我也不是当年的我了，我成熟了、长大了，我知道老板说这番话，不仅仅是要给我机会，还希望在给我机会之前，给我一张考卷。而对于此时的我来说，顺风顺水的下一步就是瓶颈期，所以与其等着遇到瓶颈期再寻求突破，不如顺势先为自己谋个方向。

我笑了笑，对老板说：“如果你对我们部门有这样的期待，请给我两周时间，我先摸个底，然后再拿出一套经营思路来，两周之后我会给你做个汇报。”

两周后，我在给老板的提报里展示了目前品牌部日常需要完成的一系列工作内容，主要是希望她知道，品牌部目前在做什么，工作量是否还有可加大的空间。除此之外，依据我们目前擅长的内容，我整理出了三个可承接的业务板块，包括内刊杂志的咨询顾问，内刊杂志的组稿和排版以及微信公众号代理运营。圈定这三个可赢利的点之后，我又向老板展示了目前这三种业务在市场上的行情报价，综合了我们过往的经验和所获得的奖项，划定我们可以报价多少钱，从而推算出我们一年的毛利润是多少钱。

报告的第二部分就是给老板展示这两周我依据这三个板块做的摸底内容，包括接洽的意向客户的情况。我所主编的杂志连续3年都夺得房地产最佳内刊奖，我也是地产主编年会的分享嘉宾。除此之外，第四年我们在全国内刊评选中夺得特等奖，我也被评为那一年最年轻的内刊主编。因此不论是在行业内，还是在行业外，我认识很多有内刊改版需求的企业和主编，他们非常欢迎我不管以顾问的形式去指导，还是带着团队去承接他们的内刊业务。

那时候微信公众号已经开始企业普及化，我本人是一个运营了两年个人微信公众号的作者，并且带领团队摸索了两年企业微信公众号的运营。我们不仅有资源，还有很多适合线上参与的活动策划方案，以及好玩的互动方式等。在这方面的合作，我没有直接找甲方去谈，因为我也是甲方，承接项目的解释成本太高，所以我选择找到熟悉的公关公司去挂靠，承接它们手里客户的公众号业务。这样我就作为一个丙方，类似供应商的角色，帮助他们做微信公众号的月度主题策划以及提报，完成微信公众号的文稿撰写等工作。

老板对这个报告当然非常满意，而且看得出她没想到我会把这件事考虑得这么全面，完全在当一个新公司去运营。当然，在报告的最后，我也要说我的难处，外接项目我可以做，但目前我们缺人手，需要增加一个人员编制。除此之外，三个板块的内容我们都可以做，目前也都有意向客户，可签约可成交，只要集团能够签订合同，定期开具发票即可。但如果三个业务都跑起来，我们原来负责的集团项目可能就需要全面暂停了。因为我们的团队要先以赚钱的项目为主，而且这些项目需要换算成利润，当成我们团队的业绩。当然，我们会按照市场最低标准核算，毕竟都是一家人，但我需要让我的团队有成就感才行。

我的这番话让老板很吃惊，因为她可能没想到，最后我会把集团的项目也换算成利润。但我算得足够明确，每个人的产出和效能都是有上限的，不可能无限扩大。此外，大家每天上班的时间都是有限的，我们团队如果以赚钱为目标，每天却有一半的时间都在完成没有收入的集团项目，团队成员自然没办法把自己的付出和收入相挂钩，我作为团队领导，更无法在这点上激励大家。

老板听完我的解释，点头默认。然后我又说了一句让她更吃惊的话："我希望老板可以给我的团队定一个赢利指标，这样我会针对这个指标做季度和月度拆解，从而去评估每个团队成员所发挥的效能。如果年底指标完成得比较好，希望老板可以从我们赚的钱里批出 10%，当作团队成员的奖励。我们的小部门三个项目全做的话，再添加一个小伙伴，估计一年能创造利润 50 万 ~ 60 万元，所以 10% 也就是 5 万元。我用这笔钱激励团队里表现最出色的人，这样明年我就可以培养这个人做项目主负责人。而我则积极去拓展新的市场，希望第二年可以在三个产品线上都拿下一个新项目，这样人员成本不变的情况下，差不多可以实现毛利润 100 万。”

我觉得这时候老板看我的眼光似乎有点不同了，眼神里带了几丝玩味的意思。之后她做了决策，在保留公司项目的基础上再考虑创收，在三条产品线当中选择其中一条，赢利目标由我自己来定，10% 的年底提成可以给团队。老板也和我解释说，其实这次创收也是希望我去市场上练练手，回来更好地服务我们自己的项目。

会后，直属领导一脸笑意地看着我说：“你这次报告做得不错呀！领会的重点还挺到位的。”

我说：“老板最后的那番解释，印证了我一开始的推测。依据我的判断：第一，她一定不想做一个广告公司；第二，她说让我出去练练手，一方面是想看看我的本事是否在市场上吃得开，另一方面是希望借助和其他甲方的对接，挫挫我的锐气，看看我的沟通能力如何；第三，也是给项目营销团队看看，证明我是真的有服务经验，而且能搞定其他甲方的人，所以我回头发表意见也会更有底气一些。

“综合以上这三点，老板原本希望看到的只是我承接业务的能力和搞定其他甲方的能力，除了这些之外，还有我的市场开拓、团队建设的能力。我想，在这一点上老板或许有点小吃惊吧！至于最后的结果，那就交给时间去检验吧！”

在我们外接业务一段时间后，我全面接手了别墅项目的策划和推广工作。项目团队经历了一番磨合之后，我们彼此都找到了各自的擅长领域。老板对我们各自的领域做了切分，项目营销团队负责市场报告以及案场管理等，品牌部负责所有策划方案、年度营销方案、结合销售需求的营销行为以及大型公关活动策划，物料设计方案由品牌部拟定，最后老板拍板。

我历经了一年的考核之后，算是正式迈入了企业的核心高管层。

每一个老板都会有自己的脾气，他们时不时地会有一些异想天开的想法，他们有的人希望从下属嘴里知道这个想法落实的可能性，也希望听到让这个想法更全面的建议，但他们都不愿意听到否定或拒绝执行的声音。

每一个员工都希望在职场里拥有安全感，这种安全感大部分是基于“稳定”两个字，最好有稳定的收入，稳定的升职，稳定的加薪，稳定得顺理成章，少一点变化，或者说，没有变化最好。

而对老板来说，变化才是企业的希望。尝试换位思考，站在老板的角度去思考他提出来的这些想法的出发点，甄别一下他的用意，看看这份考卷中他的核心诉求是什么，然后在满足核心诉求的基础上，再多给一些意外惊喜。我始终认为，这是一个成长型的下属必须要做的。单纯拒绝，或者单纯去做，而想得太少，都很容易被老板在成长名单里除名。

职场的确不好混，老板的确不好对付，可成长的幅度、视角的广度，不也就是在这样的博弈和对抗当中诞生的吗？

我很庆幸自己没有选择继续做当年的自己，我也很庆幸，虽然我一直把老孙当作自己的职场偶像和前辈，但我也没有选择和他一样的做法，我找到了自己的应对方法和原则。

我借着自己的双脚，一步一步走向了成熟。

/ 领导力：从沙和尚向唐僧的晋级 /

有一次，我去长江商学院蹭课，听到一个外国律师讲到企业里的几种员工。老板喜欢有热情又有能力的员工，都不喜欢没热情又没能力的员工，开除这两种人之外，还会剩下两种员工，一种是有热情但没能力，一种是有能力但没热情。如果要你在这两个人当中开除一个的话，你会怎么选？

我选开除那个有热情但没能力的人，而其他同学都选了开除没热情但有能力的人。当时我不理解，因为我认为，一个人只要有能力，就一定可以干好活儿，他现在没热情，尝试去点燃或者解决不就好了吗？

而老师和同学们告诉我，一个人如果有热情，希望去做，这时候只要给他机会和培训就可以了。技能是可以学的，能力是可以后天锻炼和提高的，但热情消减的原因却千差万别，尤其是当一个员工已经面露疲态、不想再前进的时候，你需要做的只能是放弃他，去保留那些斗志昂扬的员工，问问他们还有什么需求。

这件事对我产生了很大的震撼，也为我以后的许多年都提了一个醒儿：不要在一个企业里丧失自己的目标和热情。

我按照这个方法做了一个四象限模型，在给下属做分享的时候为了方便大家记忆，我套用了《西游记》唐僧师徒四人的例子，从那之后，我逐渐爱上了使用这四个师徒的某些特征来分析问题。而今天这四个人的特征，就被我放在了领导力这个领域。

说到领导力，你会想到什么？领导他人的能力？领导的魅力？

市面上可能会有很多关于领导力的课程或者方法，我曾经自费参加过 30 多场这样的培训课，因为我曾认为，我是一个领导才能极其欠缺的人。

现在我在这家公司做了 6 年部门经理，很多时候我的领导力都不及格，甚至一度降到了负值。我给自己总结了以下几个阶段。

一、沙和尚阶段

这个阶段的我刚从广告公司过来，内心里并没有认识到自己是领导。我只是因为一个机会而得到了晋升。没有任何管理方法，别说什么领导力，我连领导是啥都不清楚。虽然被推上这个位置，也有了两个下属，但我没觉得自己有多了不起。

那时候的我觉得工作其实就是师傅带徒弟，前辈带晚辈。我不太会讲，所以我就做给你看，你再去做，有不懂的可以问我。

我还觉得做领导这事儿挺简单的，平时也和下属处得和朋友一样，却从没想过，下属是不是真的乐意和我成为朋友。

在用人方面，我没什么经验，所以面试的时候更多的是看这个人能不能干活儿，如果有经验，面试感觉差不多，就会给通过，让他们在试用期锻炼一下。

通常来说，沙和尚型的领导者没有什么权威感，会显得平易近人。他们本身并不太自信，也没有什么职业发展目标，所以很容易一切以求稳为主。刚开始的时候，下属对这样的领导还挺喜欢，时间久了就会发现，这个领导也就那么回事儿，胸无大志。对下属来说，最大的阻碍就是不能带着他们一起成长。换句话说，带会了徒弟也就意味着徒弟要走了，因为你不发展，他们就一定会自谋出路。

除此之外，这种类型的领导者，在用人和识人上几乎全是盲点。他们更多关注的还是完成任务这个层面，所以对于下属到底有什么特长，未来有什么目标，统统不关注。秉持着师傅带徒弟的原则，这类领导者对于别人推荐的、其他部门转岗的、关系户型的下属，一般都带有很大的抵触情绪，他们厌恶人际关系，也讨厌和别人纠缠。

我自己的部门就曾被塞进一个关系户，说是懂设计、会写点东西，可我带了半个多月，发现不论是文笔还是设计，她的水平都特别初级，算是毫无亮点。我就直接跑去和总经理反映："这人我用不了。"总经理也挠头。最后，这位关系户也觉得有点无趣，于是申请去了集团的部门。

万万没想到，两年后我去了集团，我们俩又成了同事，后来她又成了我的下属。因为有过去的这段"梁子"，所以很长一段时间我们之间都没话说，具体的经历在后面细说。

沙和尚型的领导者如果遇到任务繁重的情况，也许会因为处理的事情增多，以及个人受到了肯定，自信心增强，从而开始向第二个阶段转化，也就是孙悟空阶段。

二、孙悟空阶段

孙悟空类型的领导者，可能是很多人一开始的起点。因为在组织内部被提拔，大部分都是因为表现优异，换句话说，是因为业务能力强而被推举成领导者的。但业务能力强不代表领导能力也强，换句话说，自己能干，和带着他人一起干、教会他人也能干，这是两回事。

孙悟空类型的领导者，大多自信、强势，业务能力突出。

我当时跟着总经理，负责的项目越来越多，一年之后被评为优秀员工。这一系列的肯定，增强了我的自信心，我开始变得忙碌起来。后来总经理被撤换，换成了老孙来做总经理，实行了扁平化管理，副总上位执掌内部管理大权，对我打击很大。不过我当时资历很浅，想换工作也没地方可去，只能在那里熬，看着副总瓜分我手里的工作。就在这个时候，我的第一任下属辞职，公司内斗严重，领导又受到打压，估计换了谁都待不下去吧？

熬过一段时间后，我招了新的下属。这时候，公司的局面有所缓和，副总招募的新下属在接手任务的时候出了很多纰漏，导致我的决策权又回来了。老孙和我一起参与商业项目，给我出了很多考题，测试我是不是一个可用的人才，直到我通过了考验之后，我负责的业务才算稳定。这时候，老孙希望带着我向市场拓展方向转型，那就意味着我要先把手里的项目转移给下属，我要从团队里挑选一个人去负责这个项目。我找了一位下属去谈，结果居然吃瘪了，因为对方告诉我，他无意承担更多，他来这里工作就是为了稳定，不想把自己搞得那么累。

这件事对我最大的震撼就是，我第一次发现了自己招人的盲区。我以前招人，不在意他的个性如何，只从能不能干活儿上去评判，最后的结果就是：能干活儿的人不一定愿意增加更多的工作量，团队发展陷入了僵局。

我也曾用过强势的手段去逼迫下属接手，结果可想而知，第二任下属也选择离职。

下属的离开，对我打击很大，我开始质疑自己有没有做领导的能力，更换团队挑选人才的时候，我很迷茫，不知道应该如何评估他们，所以决定尽量用有野心的人。可是，等第三任下属到位之后，我又开始恐慌，因为能力太强，完成度太高，我没什么可指导对方的。我甚至担心，再这样下去，用不了多久我是不是就要被替换掉了？

为此我陷入了特别痛苦的焦虑，觉得整个人生都陷入不自信的状况，我开始去读书，参加一些领导力的课程培训，甚至还去听了一些心理学讲座，希望“治愈”自己内心里的自卑。

后来，我认识了许多和我一样痛苦的人，他们不自信，也不会做领导。听了他们讲述的故事，我自然而然地拿他们和老孙这种有领导力的人去对照，我才发现，在领导力的能力要素里，我还缺了一样，就是猪八戒的能力——沟通。

三、猪八戒阶段

猪八戒型的领导，很容易被下属当作靠拍马屁上位的领导。这类领导如果业务能力不过关，或者下属里有孙悟空型的人才，那就真的会上演宫斗大戏，告密、整人的剧情会轮番上演。不过从正向的角度去看，猪八戒的沟通能力是非常值得学习的，可怎么学习，我一点头绪都没有。

我强迫自己每周要组织下属开一次例会，而且先让下属讲，然后自己再总结。我强迫自己每个月至少找每一位下属面谈一次，至于谈什么，怎么谈，我都毫无头绪。“但我总要做点什么。”我心里一直有一个声音这样对我说。

强悍的孙悟空型下属成长很快，而且野心很大，但这个时候我没办法让她看到前景，我也没有办法去坐更高的位置。原来的关系户下属则一直和我冷战，我虽然挤走了原来的品牌经理，但一切仍然举步维艰。

我只能凭借不断的加班来舒缓自己的苦恼，假装自己很努力。但我知道，这样做作用不大，我找不到突破口，甚至想到了辞职。

有了这些心理活动，我也没办法求助于上级领导，因为我不知道该怎么开口。

后来，我的部门独立了，需要扩招人员。面试的时候，我下定决心要从严录取，对我来说新人就是一张白纸，我想看看自己是不是可以从头开始。

人生里你总会遇到绝境，面临毁灭性的打击，你要么彻底粉碎，要么绝地重生。

带新人也是失败的。那是我第一次接触 85 后下属，他们和我之前带的人完全不一样，他们聪明，希望被肯定。那时候新媒体刚刚兴起，我希望招募一位对微信公众号有兴趣的小伙伴。可企业的微信公众号应该怎么做？所有人都没想法、都很着急，这种焦虑让我在面试的过程中过度注意了新人的专业能力，而忽略了她提到的离开上一家公司的原因。她说：“团队的人都在针对我，我明明是做得最多的那个，却始终不落好。”

在今天我能迅速地解读出这句话背后的实质，是这个面试者出了问题。当所有人都在针对你的时候，大抵是你自己出了问题。而这个问题很可能是沟通上，甚至是团队融合方面。可我被蒙蔽了双眼。

在这个人入职一个月后，我们发生了极大的分歧。她认为公司的微信公众号前期应该积累粉丝，所以要多发一些博眼球的内容。而我要从公司企业文化的角度去考虑，太过三俗和标题党的内容与公司的形象不符。于是她举例碧浪这种企业号拟人化的操作方法，但坦白说，我觉得房地产品牌和快销品品牌还是有很大区别的，就好像娱乐化的综艺节目和传统的新闻节目的区别一样，这是定位的问题。

可是新人并不理解，她陷入自己的逻辑里。这场沟通让我觉得非常累，挫败感极强，于是我草草地结束了谈话。下属则继续按照自己的想法去管理公司的微信公众号，甚至还找了朋友来转发，让阅读量看起来很不错，从而前来邀功。直到集团的副总裁找到我，点名批评公司的微信公众号的内容乱七八糟，我才终于明白，逃避不是办法。

痛定思痛，我决定让这个新人走人，试用期不予通过。新人当然不服，临走之前，还在公司的群里发了一篇千字文，控诉我对她的不理解，以及我是个蠢货……

我有些心力交瘁，而坏事接二连三地到来，我发现下属里那个能力强的人开始消极怠工，甚至钻起了考勤的空子，假借外出采访的名义，各种迟到、早退。我第一次体会到了深深的绝望，直属领导也发现了这个人的问题，找我聊天的时候非常直接地点出，让我琢磨一下怎么带好团队。我当时真想找个地缝钻进去。

逃避依旧不是办法，上次我假装不闻不问，最后还是需要自己来收拾烂摊子。我给了那个下属 3 次提示，她却一意孤行。最后我觉得这人留不得，只好找到人力资源部，直接依据考勤制度让她走人。

我是一个不太习惯面对离别，甚至不知道怎么说开除的人，但从这件事开始，我明白，如果我不希望主动辞掉谁，那就要在面试的时候把好关。有些人不是能力不行，是我面试前没想好用什么样的人，面试时也没想好怎么用这个人。

之后又迎来新一轮的招聘，我拉长了招聘的周期。由于之前积累了很多经验，我知道使用什么样的方法进行考核，甚至还自己做了考题，行不行的，做一个方案就知道了。

新人在试用期时，我就强调制度要点：明确自己要的结果是什么。渐渐地，我摸到了一些门道，开会的时候我懂得如何去引导话题，如何去和大家说目前部门面临的情况，如何去总结每个人的发言，并且列出指导性建议。

我甚至都能平静地看待提出离职的下属，并且还帮助对方评估要去的新公司会有什么优势，以及可能存在的问题。

四、唐僧阶段

我从沙和尚阶段开始，逐渐融合了孙悟空的业务专业能力、猪八戒的沟通能力，但我的能量还不足以达到唐僧的阶段。我缺乏自我认知和职业规划。

后来，我陆续出版了 3 本书，为了去全国各地开讲座，我去学习了演讲，还去了香港大学上课。在这个过程中，我渐渐地对自己有了清晰的认知。在看到自己脚下的路之后，我也终于可以看见别人头顶上那一棵棵待成长的小苗了。

就在这时候，我遇到了老板提出的“无理”要求，希望我们的团队出去接活儿。

我第一时间在团队会议上公布这个消息时是开心的，因为我们的小团队终于可以自己赚钱了，而且你想想，这是多好的机会，换作其他时候，我们可能要自己去创业才能体会到这个过程。现在不论我们干成什么样，都有人给我们投资，还有人给我们发工资，这是不是很好玩？

我的 3 个下属都激动了，连平时不怎么发言的设计师都兴奋地搓手说：“我还有朋友也希望外包设计，我明天问问他，看看报价是多少。”

我终于体会到老孙当年的心情。身为一个领导者，就必须要顶住压力，把利好和积极的那一面展现给团队的每一个人看，让他们看到所有的挑战背后，其实都是机会。

点燃一个人，需要你先燃烧自己。

当老板把赢利的业务固定成一个方向后，我对比了我所需要的人员，先找直属领导说了我的想法，然后找下属分别进行了谈话。

设计师是一个职场妈妈，在职场里的目标是求稳定。这次我看到她热情特别高，希望参加进来，我也的确需要她，于是我先告诉她老板的决定，之后告诉她接下来可能要做好吃苦的准备，因为这个项目需要她的地方很多，可能会加班。

我说：“我最看重你的就是稳定，但稳定也很容易让人滋生懒惰，害怕迈出舒适圈。这次你能有这么大的热情，超出我的意料，之前你的工作量就已经翻倍，但工资没有涨，这次接了新项目，估计又要翻倍，于是我和直属领导特别申请了，从 8 月份就开始给你涨工资，涨 1000 元。公司从成立到现在还没有这样的先例，而且副总裁也特别欣赏你，决定把你上半年的工资也算在内，回头会一次性把差额补发给你。”

我和另外一个下属沟通的时候，直接告诉她：“我们目前做了 6 年的杂志，明年就打算停掉了，因为现在微信公众号越来越普及，所以杂志之后一定会电子化。我不知道你个人将来的打算，是希望继续做平面杂志，还是希望尝试向新媒体编辑转型？”

她犹豫了一下，之后肯定地表示，希望可以向新媒体靠拢。

“那么问题就来了，平面杂志的编辑去写新媒体稿子，很容易因为习惯的问题造成内容过于文绉绉，而缺乏传播性，你现在有什么解决办法吗？”我看到她沉默了，于是我告诉她说，“老板今年让我们独立去承接业务的事情已经确定了方向，我这边接到的案子就是关于新媒体公众号的，所以我特别希望你能加入这个项目。我们集团的微信公众号虽然做得很好，但缺乏反馈机制，我们并不知道市场的要求和客户的诉求是什么。我这次接到的项目也是一个开发商的地产项目，如果你乐意加入进来，你可以做文案和撰稿的部分，我负责主题策划以及客户提报。我觉得这是一个特别好的机会，你既可以保留原来的职位，又可以接触到你想学的新媒体，并且还接触到了客户需求，我不知道你的意见是什么？”

她点头同意，非常开心地表示一定要在这个项目上好好锻炼。我也告诉她：“现在新媒体编辑的职位特别吃香，如果你学到了经验，即便将来不在这里做，也多了一个生存的技能。为了让你不至于陷入干活儿中而忘了总结，我们两周开一次分享会，让你来总结这两周的服务经验，顺便给团队的每一个人做做分享，你觉得这样可以吗？”

她点头说好，而且满脸期待。

最后我才说：“我为团队争取了 10% 的项目奖金，我希望你来做这个项目的主要负责人，我协助你。你可能还需要调用设计资源，设计师那边我已经打了招呼。因为你是负责人，所以这笔奖金我决定都给你，差不多 1000 元，你可以选择年底一次性拿，也可以选择每个月分批领取。”

她听完我的这番话，脸上是吃惊的表情。我笑笑说：“别激动，这本来就是你应得的。一开始做项目负责人你可能会比较吃力，不过你放心，我会一点一点教你。”

两周之后，这个小姑娘开始了人生第一次面红耳赤的分享会。

一个月之后，那位和我关系不冷不热的关系户下属，主动找到我说：“虽然我们过去有一些过节，但我觉得那都是过去的事儿。这几年我看着你的成长速度，我特别希望像你一样做一个像样的领导。所以，可以的话，请你教教我，给我一些机会，我也可以干活儿，我也可以像她们一样参与到项目中。”

看着她真诚的表情，我忽然想起很多年前，我也如她这样一般请教过老孙，到底要怎么做一名领导？当时老孙神秘地一笑说：“多看看我，你就知道了。”

如今许多年过去了，我不知道现在的我，算不算合格的领导。

把加薪的机会给设计师，是因为她一向以求稳为主，稳定的人都比较容易感恩，所以我从领导那儿给她争取了这个荣誉，领导还特别关照地给她补发上半年的工资差额。我觉得这算是双重的惊喜了，设计师一定会更努力地完成任务。

把挑战的机会给文字编辑，是因为我看到她有改变自己的意愿，但总是犹豫不决。于是我开场就宣布杂志要停刊，断了她的念想，她才会拥有更大的驱动力去学习，求生和学习如果能合二为一，那么就会激发出无穷的力量。我把奖金的事情放到最后，也是希望创造惊喜，我们都喜欢额外的收获，不喜欢等价交换，因为总觉得额外的收获是占了便宜。此外我还发现她很容易紧张，所以我代替她去做了客户提报和策划的工作，但也用两周一次的分享会给她创造了一个自我提升的机会。

把观望的机会给了关系户下属，是因为我们之前有过节，时间的确可以抹平对别人的坏印象，但希望对方心悦诚服地靠拢你，还需要她自己主动才行。这个项目她没办法参与进来，所以我让文字编辑把心得分享给所有人，让她也能从中感受到收获和成长。而她能够主动表达学习的愿望，这是她的勇气，也是我们修复关系的开始。

每一个下属都不傻。想要单纯凭借师傅带徒弟，那只能教会了徒弟饿死了师傅；想要通过油嘴滑舌的沟通话术笼络人心，更是不太可能；想要通过挑业务能力的毛病以及强势的打压控制人，一定会引发反弹。只有针对不同的人，采取不同的沟通策略，找准对方的成长诉求，等机会和意愿都成熟的时候，你就可以帮助他们找到自己向上的愿景了。

唐僧或许是《西游记》里最“无用”的人，没有专业技术，没有沟通能力，甚至还不能做基层员工。但他有个人的愿景，他有分类管理的方法，而他个人最大的魅力，就是在漫长而危险的取经道路上，决不放弃。

当你希望做一个更高位置的领导者时，信念的力量，就是你背后的光芒。

当你把自己活好了，活明白了，活得积极向上了，你才有可能产生吸引力，被他人所依附。

都说西天取经要经历九九八十一难，我这近 10 年的领导之路，到底经过了多少难，我自己也没数过，而未来还会遇到什么困境，我也无从知晓，但相信自己会带着平和的笑容和自信的内心去面对。

/ 职场哪有真小人 /

我不知道你在职场里有没有遇到过小人。

我在还是“小白”的时候，总觉得职场里很多人都不太好惹，都说职场里明枪易躲、暗箭难防，不过我觉得明枪的滋味也未必好受。我曾经亲眼看到了一个实习生离职时大闹的场景，她和媒介经理对吵，最后两个女生都哭了。

我当时都吓傻了，心想，这是受了多大的委屈啊！

我遇到过抢我功劳的上司，她对总经理不满，最后拿我来泄愤。有一次，我在车上问老孙：“她为啥总针对我啊？”

老孙打哈哈说：“你就当她是个家庭妇女，别和她一般见识。”

我当时在心里嘀咕，我倒是希望不和她一般见识，无奈她总是四处挤对我啊！

我在经历了很多事情后，才懂得了老孙的那句话："别和她一般见识。"

在我接手项目品牌推广工作之前，项目策划经理离职了，当时直属领导觉得我在圈子里认识的人多，就希望我帮忙推荐一位。刚好有个朋友说她认识的一个姐们儿正在找工作，也算是做策划10多年的老人了，就把简历推给了我。

我大概看了一下，论资历、经验都还可以，就转给了我的直属领导。没过多久，这姐们儿成功地过了三次面试，可以入职了。

这自然是皆大欢喜的好事儿。我去项目营销部开会的时候碰见了她，她是一位做事比较干练的铁娘子，为人也比较直率。为了感谢我的引荐，她当天还组了一个饭局，把我那个朋友也叫来了，想和大家庆祝一下。

饭局上，这位铁娘子时不时地探我口风，想多了解一下项目的情况，我自然也没把她当外人，都据实相告了。

那时候，因为项目需要我参与的会议不多，所以只有老板去参加会议的时候我才去，一个月最多去两次。我和她第二次见面之后，就觉得好像生分了很多，我还有点纳闷。我第三次再去开会，距离她入职一个多月了。她挑头站出来质疑我们目前的工作进度，我当时心里特别不高兴，心想：你跑来给我挑刺儿？你还是先分清楚到底谁管谁比较好。

既然她当着老板的面炮轰我，我当然也要给老板一个正面的回答。

我总结了品牌部和项目营销部因为权责分配而产生的三个问题。第一，在上下级的派遣关系上，我属于品牌部，我的汇报对象是董事长，我不需要向项目营销部汇报工作；第二，在权责分配上，我们是给项目营销部帮忙，无论我们参与多少工作，我们部门都不能分得佣金，所以项目进度是他们的职责所在，而不应该来质问我；第三，目前的设计人员是我带来帮忙的，如果项目营销部觉得设计工作进度慢、没创意，他们可以请外面的设计团队，甚至可以直接指导设计，我不插手，是想看看他们是否可以把握住整体的设计调性。

我申诉的这三点很简单，我是来帮忙的，不拿提成，更不是给你干活儿的乙方。不要因为我带来了设计师，就得了便宜又卖乖，觉得我指导有问题，那你可以自己试试。

这个脸皮撕破之后，老板自然要安抚一下，先给了我几句好话，然后让这位铁娘子会后试试。

下一次开会提报，铁娘子做的市场月报罗列了大量的数据，而且把很多不同维度的产品掺和在一起，再加上没有结论，听得着实让人头疼。老板是一个不太爱听废话的人，忍了 10 分钟之后终于发怒地问：“你列出这一堆东西，有什么用？到底谁和我们是竞品关系？我只想知道竞品的内容，他们目前除了新户型，有什么新动向？”

铁娘子也算是市场的老人，连忙放弃了 PPT（演示文稿），改成了口头汇报，上半场算是勉强过关。

不过下半场轮到策划的内容和展示，铁娘子就呈现出战战兢兢的疲态。策划不像市场需要数据支撑，策划讲求的是创意、主题、创新性。她计划的都是一些常规活动，也就是说，别的项目也都这么做。对老板来说，你模仿别人的东西没关系，但你需要给个理由。

别的豪宅做下午茶，你也做下午茶，你的初衷是什么？人家做珠宝品鉴，你也找珠宝品牌来站台，你的案场是什么？而且活动看似丰富多彩，可若谁都不挨着谁，为了做活动而做活动，这种策划就是白花钱。

当老板问我意见的时候，我点题说道：“我觉得活动有些散，整体的主题性缺乏统一感，这样在对外传播上会偏弱。可以尝试限定成主题月，或者主题季，比如这一季我们主打‘女神季’，就可以把下午茶、珠宝品鉴、小型音乐会这一类主题集中打包在一起做策划；下一个季度做‘妈妈季’，就可以把亲子活动以及宝宝的教育等集中在一起。因为豪宅客户比较特殊，所以更要注重邀约形式以及活动本身的亮点，不然很可能会出现活动现场冷清、参与度不高的状况。当然最主要的还是要想清楚，这些活动的目的是什么，我们是为了回馈老客户，还是为了招徕新客户，或者是为了媒体传播？定位不同，活动的亮点以及侧重点都会有所不同。”

老板接过我的话开始了批判：“整个策划安排太过于关注活动的完成，营销策划靠的是想法，平淡无奇的东西能叫策划吗？这些活动的形式到底是为谁服务的？希望达到什么目的？根本就没想清楚，完全是为了做活动而做活动。这个方案拿回去重写。”

我看到铁娘子脸上青一阵红一阵的，她的部门领导的脸色也不好看。

下一次例会，铁娘子的新方案倒是有了一定的主题性，不过作为内行人，从 PPT 的排版上就能看得出，这应该是找公关公司去改的，因为设计有了主题，也有了不同的落地形式。找乙方做事没问题，但要学会使用乙方，乙方只能解决表面的问题，但他们不能代替你去思考。对于新方案的根本问题她还是含糊其词，其实我可以理解她的难处。你说这个活动是为了回馈老客户，那么老客户会不会来，能来多少，就变成了重要的衡量指标。实际上，大部分别墅客户都非常忙，如果我从你这儿买完了别墅，我为什么还要参加你的后续活动？除非活动非常有诱惑力，让我非来不可。不然的话，我大老远地跑来，只是为了吃个蛋糕？如果活动的目的是吸引新客户，那就需要对接的品牌或者资源方更高端，最好是品牌方可以直接带来客户，而这些客户的经济实力也足够买得起我们的别墅。这样的话，对于品牌的要求就上去了，就目前报上来的这几个品牌来说，分量都不够。

最后就只剩下给媒体曝光这个方向，但媒体最看不上的就是常规活动，没有特色、没有亮点、没有噱头的内容或者嘉宾，新闻稿都没办法写。符合要求的嘉宾，屈指可数。如果不提前一个月和这些大腕打招呼，他们根本没有档期。

连我都能看出方案的问题，相信老板也看出来了。老板又是一顿穷追猛问，铁娘子的汗都快流下来了，她的部门领导在一旁帮腔，无奈领导自己是销售出身，对策划的帮助非常有限。不过从那位领导投过来的犀利眼神中，我倒是看出了一些苗头，原来幕后的主使在这儿呢！铁娘子的反常表现不过是新人初来乍到，被领导收编当了炮筒子而已。既然铁娘子这么乐意出头，那我就先观望，看她怎么收场。

最后，老板拍了板：缩减预算，砍了几块内容，变成了客户答谢活动。我听到这个结论就非常清楚，预算减少了，活动不会有影响力。这种所谓的答谢活动，在豪宅市场上能吸引的就是老板的朋友以及司机、保姆等人来凑个热闹。这还是客户乐意给销售员面子，不然大部分人都会回答“没时间”。

果然，活动的效果如我预期的一样，老板大为恼火，铁娘子的部门领导则把责任推了个干净，铁娘子又挨了一顿批，现场提报的时候声音更颤抖了。

散了会，我过去问她：“报告能拷贝一份给我看看吗？”她则声调拔高了很多说：“抱歉，这个报告涉及市场数据，所以暂时不能给你。”我看她紧盯着自己的领导，便明白了几分。于是我在侧身而过的时候，小声说了一句：“你可以尝试把每一页的结论换一个颜色，用大号字放在最下面，如果觉得老板听得太累，直接告诉她结论就好。”

她感激地看了我一眼，然后转身去追部门领导。

铁娘子后来算是勉强通过了试用期，但她的部门领导对活动这块则完全失去了兴趣，而在市场结论上又频频和她发生分歧，亲自下场怼她。这是我万万没想到的。

后来，她的部门领导以她不懂策划为由向老板提出了换岗建议，铁娘子被另外一位副总经理收编，她这才算彻底告别了压抑的职场环境。

而那位副总经理和我是多年的老友，我们俩几乎同期进入集团，所以他经常叫我来开会。几次会议之后，铁娘子找我吐露实情，她果然是被原来的部门领导拉拢，就是故意要针对我，而且当时她完全看不懂局势，也不敢和我在微信上解释，怕我以此为证据去找她的领导对峙，她又十分珍惜这次工作机会，非常想留在这里，所以不得已选择了站在领导那边。

我笑着说："没事儿，我早就猜到了。咱俩年纪差不多，职场经历也肯定有相似之处，我太理解身不由己的滋味如何，毕竟对你来说，先活下来，才有机会。"

我和她说这些话的时候，忽然想起当年我觉得时机成熟，终于鼓起勇气找到那位欺负了我 9 个月的副总去摊牌的时候，我说的也是摆在我面前的没有另外一条路，我别无选择。

在职场里，谁都是身不由己。

以前我总觉得，那些挤对你、给你穿小鞋的人，就是职场里的小人；那些在背后说你坏话，挑拨离间、四处造谣的人也是职场小人。现在我反而觉得，他们不过是小人物，甚至可以说，是一些可怜人，这些是他们仅有的武器，而他们之所以针对你，不是因为你看起来比他们还弱，而是因为你太强了，他们害怕。

人在害怕的时候，多数都会求自保，而在职场里，很多时候我们自保的方式往往是依附上司，别无选择。

年轻的时候，我可能会说，我宁可辞职也不做小人。可当有了家庭，有了压力，有了房贷、车贷、孩子的牵绊，当我迫切地希望留住一份工作的时候，我只能身不由己。

我也终于明白老孙说的那句话："别和她一般见识。"因为如果你足够强大，羽翼足够丰满，他们的这些举动终究只是小伎俩，他们能做的就是趁着你羽翼未丰，看看是不是可以剪断你的翅膀；看到你受挫失败，就跑来落井下石，看看是不是可以摧毁你。

没有人可以毁掉你，除非你先放弃你自己。

当你整天纠结着要如何对付他们，如何还击的时候，你可能会错过更多重要的东西；当你被他们的嘲讽乱了情绪，被愤怒冲昏头脑的时候，你其实就已经掉入和他们同一水平线的位置。只有当你跳出这个层面再回看，你才会发现，他们是微不足道的。

你只是向上了一步就看清楚了这些，那如果你再向上一步，也许你连他们在哪儿都会看不见。

做那个朝向目标、向上一步的人吧！

/ 什么时候你觉得该辞职了 /

2019 年，或许是我们公司比较难过的一年。在高管层的例会上，我们被通知 2019 年整体要控编制、控预算。当团队的小伙伴们都在猜测谁可能走的时候，我忽然问自己，要不要辞职？

从成本的角度来说，发展形势好的时候，辞职并不划算，因为可能你每年的薪水都会递增 10% ～ 15%，而且你有很多事情可以做。项目推进顺利时，不论是从资历积累，还是个人规划，甚至是收入上，辞职都似乎毫无益处。

反之，如果经济形势并不好，外在的机会没有那么多，你留在原来的岗位，那么不论是职位还是待遇都不能得到更有效的发展。如果你已经有了足够的存款以及一定的技能积累，你认为自己需要一个调整期，那不妨考虑在这个时候停下来。

这里我说的辞职，指的是没有下一家入职计划。我并不赞成年轻人裸辞，但如果你工作时间超过 10 年，或者在一家企业服务 5 年，都没有晋升，不妨考虑一下。

对于离开一家企业的时机，我有两个特别私人且任性的标准，供你参考。

一、当你发现你的老板不再尊重你的时候

每一家企业都会有一些老员工，他们对企业特别忠心，服务的年限也比较久，老板对他们比较信任，公司也会给予他们很多机会，甚至还需要他们担任救火兵。老板把他们当作自家兄弟，所以一旦事情做得不对，或者是很着急的时候，就会劈头盖脸地一通臭骂，可能事后也会反悔，然后私下里拍拍肩膀说，你也是知道我的，我这么说就是没把你当外人。

我自己的老板也容易有这样的习惯，所以我升入高管层后在细心观察，到底老板会骂什么样的人，而对什么样的人会保留态度，稍微有所收敛。我的总结是：老板会骂的那些老员工，大多数都是很安全的，就是被骂得再狠都不太会离职的人。说得残酷一些就是，那些离开了这里就很难找到更好的地方的人。

而老板对一些从外面高薪请过来的，有一定专业能力，或者

目前极其认可的人，责骂的态度会有所收敛，因为老板非常清楚，请能人就要给足他们面子。

当我明白这一点之后，就悄悄在内心定了这样一个标准：要每年都给自己成长的目标。我要每一次提报都能给老板惊喜，要做老板眼中的人才，而不是挨骂的兄弟。

如果有一天老板开始像骂孙子一样骂我，就说明到了我要离开的时候。

当然，那时候我还年轻，总是会脑补一些戏剧化的场景，比如老板忍不住大骂我，我摔一叠纸，夺门而出，负气辞职之类的。其实这种场面在电视剧里比较常见，现实当中很少发生。

而随着年纪的增长我才发现，并不是老板看你有价值，你才有价值，而是随着积累和学习，你会自然有价值。但你的想法和思路是否和老板吻合，这个则是要持续走着才能不断发现的，因为老板在变，你也在变，有分歧很正常，但如果你开始不认可老板的经营思路，那很可能就到了该提辞职的时候了。

二、上升空间

我对自己的要求是，每年必须出去面试一次，熟悉面试的流程，锻炼自己的总结能力，看看这些发挥可以对标到多少年薪，知道在市场上自己的身价。每一年都要有薪水涨幅，每三年左右要有职位的晋级或者晋升。

即便是这样，你可能终究会有“升到顶”的一天。坦白说，一个企业如果希望留住一个人才，就永远不会让他到顶，为什么呢？企业会不停变换职级，并且不断去给予新的任务，你的直属领导以及人力资源部，还有老板，都会考虑到这个问题。

人才发展路径，是每一个被培养出来的人才必须有的一条通道，如果有一天你发现你走到顶层了，且感觉在重复了，和领导面谈后，领导也只能坦言现在没有位置给你，这时候不仅说明你遇到了职业瓶颈，也说明企业此刻需要解决的危机要比保留人才更迫切，可能是关乎生死存亡的问题。换句话说，如果企业明天都发不出工资了，就没人会在乎是不是有人要离开，那么这样的企业，不论服务了多久，都要考虑一下，是否要离开了。

关于辞职这件事，我想了半年左右。

一个支撑点是缘于以上的两个标准，老板目前的经营思路越来越偏于保守，这让我看不到公司发展的规划。当你明知道公司的规模会越来越小的时候，那你还留恋什么？

另外一个支撑点就是，如果辞职停下来，后果是什么？要面临什么？面对大把空闲时间，我是否做好了准备？是否有一些规划？如果我觉得自己可以承担，那么就没什么可怕的了。

有个词叫作“沉没成本”，就是指在一件事上，当我们投入太多成本且过度去关注这些无法回收的投入成本的时候，这会大大影响我们的决策。比如，明知道这份感情已经变质了，但你还是会用“毕竟我们已经走过了 5 年”这种话来劝慰自己再忍忍。我为什么要每年去面试一次？我希望提醒自己，在心理上降低自己的成本付出感，不要想在企业服务了几年，而要看今年，成长速度和收获是否匹配。

每一年都把这个企业当作一个新的企业去看待，因为自己经历过面试，看到了其他诱惑，但又选择了原来的企业，那就要找出除了“在这个地方我已经熟悉了”之外的其他理由，而上升空间就是其中最重要的指标之一。

标准是理性的，辞职的契机往往都是感性的。

它可能是在开完一次会之后，也可能是在看到办公自动化系统上一则通知之前。对我来说，最大的感性因素是：我 40 岁了，我想思考一下接下来的职场之路怎么走，以及走向哪儿。

当人力资源总监说要找我聊聊 2019 年关于部门成本压缩的事儿时，我忽然说，我刚好也想和你聊聊，我确定自己要辞职了。

有些话，一旦说出口，仿佛就是一种释放。

接下来就进入了比较顺理成章的流程环节，谈话—流程—申

请一确认一 向自己的下属宣布消息一大家吃一顿饭，彼此感谢一下。

因为我手里还涉及一些项目尾款结算，所以提前和对接人打好招呼，把他介绍给合作方，为了防止遗漏，我还特别列了一个任务清单。除此之外，就是联系关于社会保险和公积金的代缴机构，去解决接下来的缴纳问题，这个不能断档。

之后还会有一个月的交接期，平稳对待就好。

做完了这一切之后，我在下班回家的路上，微信上收到了一位网友发来的求助，讲述了她年底遭遇了公司裁员的事情。她说自己现在特别堵得慌，觉得心里憋闷、委屈，很想去公司大闹一场。

我开始还在安抚她的情绪，并且说："不是还有赔偿金吗？你也刚好可以休息一下。"但后来我发现，她的情绪里掺杂的不仅仅是委屈，还有意外。此外，她最大的担忧是找不到工作，所以，她把这些复杂的情绪都归结成企业的错——为什么你要辞退我？

我对她说："你先平静一会儿，我给你讲一个我自己的故事吧！"

我曾经历过一件特别糟糕的事情。那时候我要从北京东边搬到南边来租房子，因为不信任房产中介公司，或者说不希望把一个月的房租交给房产中介公司，所以就自己在网上找个人房源。

很幸运地，我租到了一间看着不怎么样，但是打扫完了还能住的房子。

当时出租房子的人声称这是他亲戚的房子，房本的复印件、身份证复印件都齐全，只是因为两位老人身体不好，所以他才代管。

我当时也没多想，就签了合同。

我住进去半年之后，门口突然被贴条，写着限几日内搬出。

我这才知道自己被黑中介骗了。那个人其实根本不是什么房东的亲戚，他自己就是房产中介公司的员工，以个人的名义拿了公司的房子来出租。一开始他还把租金拿回公司，后来打算回老家，就拿着我 3 个月的房租跑路了。

房产中介公司找不到人，就只好来找我的麻烦。

出了这件事之后，影响我的不仅仅是钱的问题，还有情绪，还有对人际关系的伤害。我第一时间找了新的房子，也搬了家，然后拿着那间房子的钥匙和黑中介理论。

那家房产中介公司是北京臭名昭著的黑中介，业务员都像流氓一样，每天对我各种恐吓，轮流给我打骚扰电话。我每次接到电话都觉得怒不可遏。

人们有的时候会自认为，对抗恐惧最好的方法就是愤怒，但平复情绪需要花费更多的时间和代价。

那段时间我工作效率下降，回到家就会抱怨，甚至会埋怨家人。

直到后来他们换了一个业务员，他还是希望我归还房子，同时告诉我，公司的确退还不了押金。我在那一瞬间想明白了，我拿着的钥匙其实没什么用，对方换个锁一样可以继续租给别人。我其实从一开始就知道，我没办法拿到自己想要的结果，干吗还要空耗自己的情绪成本呢？

后来我就和那个房产中介公司业务员见了一面，把钥匙还给了他，还完之后我忽然觉得心上的一块大石头消失了……

这件事之后我得到了一个教训，在这个世界上公平和正义是非常必要的，每个人争取自己的合法权益应该得到支持，但对于个体来说，在争取合法权益的时候要做到两点：量力而行，审时度势。

每个人具有的能量是不一样的，不要因为突然发生的一些事把自己搭进去，甚至牵连到别的事。如果你当时受到情绪的左右，你看到的永远都是自己在吃亏，那么对方赔付给你多少，都填补不了你的内心“空洞”，因为你无法合理评判那时候的自己。

我继续和这个姑娘说，如果我是她的话，当我听到被辞退的消息，我会给自己设定几个原则：

1. 不追问自己，“为什么是我？为什么不是别人？”要接纳眼下的状况。现在就是你，而你接下来要怎么办？

2. 尽量保持平和情绪，去完成后续的工作交接。这不是为了什么体面的告别，而是只有让自己保持清醒，你才能知道接下来你要如何规划。

3. 平静地和下属、对接人以及合作伙伴说明情况，安排好后续工作，找好代缴社会保险和公积金的单位，之后检查一下事项清单，看看是否还有遗漏。

在我看来，这是能做的，也是可以规划的，不是吗？

姑娘很吃惊地说：“川叔，我觉得你太理性了。”

我告诉她，其实我今天也刚刚决定辞职，而且我和她一样，接下来也要停下来休整一段时间。我并不是一个特别理性的人，但我知道，在此刻这个时间点，感性的情绪并不能帮助自己什么。

我今晚还会去和我的家人谈谈，甚至会做一些原则性的要求。比如，可能你看到我现在很平静，但不代表我之后不会情绪崩溃，或者出现自信心不足的情况。现在整体经济形势不好，很多企业都在裁员，工作机会并不多，因此决定停工时，我已经做好了半年或者一年都不工作的准备。那么接下来我可能会尝试给自己做一些安排，让自己的业余生活变得丰富，但这些安排可能不会创造什么经济效益，所以到时候请你务必不要问：“你今天都做了什么？”如果我想好了，我会和你分享。突然从一个忙碌的状态里出来，我一定会有一个阶段放纵、任性，甚至无所事事，什么都不想做。你不用逼我，也不用问我，我想好了自然就顺过来了。

我对那个姑娘说，相信你也听了很多微课，看了很多书吧？其实书里教会我们的，一大部分是知识，还有一部分是由知识累积而学会的判断趋势。你最了解自己的行为模式，你要在被消极情绪掌控之前，先用理智把自己的框架搭建出来，如果你能够预判接下来你可能面临什么样的情绪走向，那你也能提前做好帮助自己去扭转局面的准备。

我不是不赞成情绪宣泄，但我不赞成一味哭、一味抱怨、一味单纯地发泄，而且第一天宣泄完之后，第二天会依旧循环。为了不让这种情况发生，我会先列一个计划，预判可能出现的问题，以及有没有对策。如果列完这些，我依旧觉得委屈，甚至内心里有黑暗的东西需要倾诉，我就会找张白纸，把它写下来。

抱怨也好，愤怒也罢，都写下来，就当作那时候老板就在面前，把想说但没说，或者不敢说的，都倾诉出来，然后再看看计划表，期待更好的一天。

最后，我还给她提了一个小要求，写完负面情绪之后，再找一张纸，在纸上必须用“真好”作为开头，为这件事找到三个好的理由。

比如，我会对自己说：真好，在 40 岁的时候，我的人生又多了一个体验。离职的决定虽然很突然，但准备是充分的，我希望接下来的任务是很有趣的，“在生活里要如何证明自己的价值”，我会带着这个好玩的课题来继续自己接下来的体验。

真好，每年的 10 月份就想辞职，但是总会因为要负责年会、要等年终奖等种种理由而放弃，现在年会做完了，在一切都稳妥的情况下，终于找到了告别的机会。

真好，工作了 16 年，这应该是我第二次职场空窗期。上一次职场空窗期，让我从文化传媒跨行到了房地产行业，这一次还会迎来什么样的挑战呢？真期待呀！在休整的这段时间，我不妨把自己一直想做却一直推脱的事情都做了，把自己一直想去却一直没时间去的地方都去一遍，当作一个圆梦的假期，也挺好的。

你看，我正愁下一本书不知道写什么主题，这不，就突然来了这么一场变化。看来下一本书写一写辞职之后我是怎么生活的，是不是也挺好玩的？

来！我们一起期待一下吧！

人生总会充满各种意外，你不一定非对抗不可。选择接纳，或许也会有不错的收获。

/ 辞职后的 33 天 /

确定辞职之后，还需要有一个月的交接期，因此休完年假之后，我要开始做交接工作。

我花了近一周的时间去整理自己的这份交接资料，其中包括历年来我的一些成果，还有目前项目上的一些研究报告。因为负责的事情比较多，所以我要和两个人做交接，一个是我的下属，一个是项目负责人。

写交接文档的时候，一旦我觉得有些酸楚，就会到外面转转。从 2010 年来到这里，转眼近 10 年，如果说没有感情，那是骗人的。

我从一个职场“小白”一步一步地走到现在，如果没有公司给予扶持和机会，我也走不到今天。电脑里的每一张照片，每一份总结文件，下属们每个季度发来的报告，都历历在目。交接完，我就真的没有任何事情可做了，于是就和人力资源部说：“明天我就不来了。”

从正式离开，到我去下一个公司入职上班，刚好 33 天。

新的工作完全是阴错阳差的机会，关于入职以及后续的事情有机会再说。现在，我想重点说说辞职后的这个阶段我都做了什么。

我知道整体经济形势不好，所以我做好了也许一年不工作的准备，在春节前就已经盘点了关于金钱储备的问题，其他的就是个人准备。

我差不多睡了 3 天，让自己放空，无所事事，不问意义，不看书、不看电视，只是呆坐着，抱抱狗、遛遛狗。

到了第四天，我觉得休息够了，就开始做规划。

我抱着也许一辈子都不去上班的心态去做这个规划。

首先规划的是时间的分割。

因为不上班，很容易起得晚，这样好像一天也过得很快，所以我要让自己和上班的家里人一样有作息时间，每天最晚 7 点起床，和家人一起吃早餐。

家人上班之后，我选择出去跑步 2000 米，然后开始做晨课。

我的晨课内容很简单，原来的经纪公司改做练字的字帖，所以送了我很多字帖，我之前一直都说要练练字，现在也算是有了机会。

练字的时候，我会放一首古琴曲，然后泡一壶茶。随便翻到字帖的某一页，那句忽然出现的话，就好像是对我说的一样。写字、听曲、泡茶，这是我之前就一直向往的生活，如今都实现了。

快到中午的时候，我会给自己做一顿午饭，炒两个菜。下午睡半个小时后起床看一本书，写读书笔记和书评，之后遛狗，预备晚饭，等着家人回来。

家人也都遵循我之前说的原则，从不问我今天过得怎么样。

老妈开始还是惦记，不定时打电话来问，我都如实回答，然后告诉她不要担心，一切都很好。

每周二我依旧定期参加头马演讲俱乐部的演讲活动，这算是一周少有的外出时间。

这样的生活持续了一周之后，我的身体出现了各种问题。

最开始是眩晕，总是发生在临睡前起身关灯的瞬间，或者忽然翻身的时刻，就是那种瞬间天旋地转的感觉，着实吓到了我，尤其是眩晕之后很想吐，特别影响食欲。我百度了一下，自己判断是耳石症，去医院待了一天，做了一些检查，排除了这种可能。

没过多久，身上长了一个小肉瘤，农村人管这个叫“瘊子”，应该算是一种病毒疣。我找了一家医院，在皮肤科挂了专家号，居然被告知说，如果激光治疗的话至少需要两三万。我觉得很坑，对这位专家产生了怀疑，就换了一家医院。在那之前还在网上付费找了一家三甲医院的大夫远程做了咨询，了解了大致的价位，果然换了医院之后，只花了几百元。

这两场小病，耽误了我好几天，运动和练字都被暂时搁置。于是我就思考了一下，也许是因为我的心态虽然平稳下来，但是身体还没适应，从忙碌到急刹车，的确很容易大病小病都找来。

我觉得疾病的到来，是提醒，也是还债。思想和身体要找到一个平衡点，要和谐相处。

于是第三周我开始重新规划，扩大了自己的运动量和社交量，把写作重新纳入生活，而且做了很多小测试。比如，我发现：下午在床边的写字台写作效率最高；但是上午往往需要到客厅的桌子上写，或者干脆出门去咖啡馆写效率会更高。

我以前觉得在星巴克写报告不太可能，人来人往，太吵了。可等自己去写作之后才发现，超级好用！

那几次在星巴克写作的经历使我发现了一件趣事：原来，工作需要仪式感，需要精神的调动和开启，身体也需要被唤醒，而这个唤醒的方法就是：穿得酷酷的，假装自己去上班。

在家里，我总是穿着家居服，身体自身是有记忆的，在一个熟悉的放松状态下，身体没办法短时间切换到高效运转的状态。一旦换上外出服立马就不一样了，有的稿子，我甚至在路上就完成了构思，到了咖啡馆，点上一杯牛奶，一上午就可以写5000字。

发现这个小妙招之后，即便我在家里写作，我也要为自己换上一套外出穿的衣服，美其名曰：工作服。

此外，除了跑步，我还把许久没去上的拳击课固定了下来，还去了头马演讲俱乐部，算上原来的安排，一周7天里，我至少有3天外出的时间。

看起来似乎时间更少了，但是，所有的进度反而更快了。

我当然没忘记写新书的事儿，所以我给自己定的主题是：辞职后我做的100件关于幸福的小事。我在手机上列了一个清单，想到什么有趣的、好玩的，就赶快记录下来。

其中包括我一直想去的地方，比如绍兴、威海；还包括我一直想做的事儿，比如拍摄一期视频，去公交车站接家人回家；还要去见见老朋友，购买一些家里缺的以及我一直想买的东西。

辞职后的第四周，一切开始变得平顺，然后我接到了猎头推荐的职位，本着试试看的原则，我去面试了。

三天走到面试第三关，打败了6个竞争者，拿到了聘用通知书。面试的过程中发生了一些有意思的小插曲，以后有机会，再和大家细聊。

辞职后第五周，朋友听到我要去上班的消息都一脸迷茫，问我是不是早就做好了跳槽的打算？感觉我也没休息几天。我回望这没有工作的 33 天，写下这份小小的总结。希望如果有一天我真的不打算工作，或者真的打算为自己工作的话，这段短暂的经历和这些文字会提醒我，我曾经这样生活过，我没忘记生活本来的样子。

/ 做总监的这 3 年，我送你的 30 句话 /

1. 只有当你还不够强大的时候，你才会用大声呵斥以及铁棒政策去管理你的下属。你希望他们怕你，但只有你自己知道这是虚张声势，他们不是真的怕你，他们只是害怕你所坐的那个职位。

2. 每一个下属，都一定有来从事这份职业的目的，只是有的人目的非常明显，有的人把目的埋藏得很深。做领导的有很重要的责任，就是要通过不断的聊天和谈话，挖掘出他的目的，然后从这个目的出发，想想自己可以提供给他什么样的资源，给予他什么样的机会，从而调动他的热情，做好工作。

3. 在国内的很多企业里，做领导意味着要在工作的同时做好管理，而所有管理经验都需要一个阶段性的累积。你或许会觉得十分忙碌，或许会觉得分身乏术，而当你对这个阶段的自己不满意的时候，也就意味着你将要成长到下一阶段，抱怨不会对现状有帮助，授权和逐步地放手或许可以帮助你。

4. 我们作为平凡人，难免会陷入一种“我知道，但我做不到”的窘境。比如，我知道一个好的领导者是什么样子，但我就是做不到。这个时候，不妨先平复自己的情绪，然后问问自己，现在这个阶段能做到什么程度？

5. 让员工敬重你，并不是通过聚餐、唱歌就可以解决的。在他们的眼中，你是否言行如一？你是否始终在向前？甚至，你自己活成了什么样子，都是他们参考的标准。人们不仅会听你说什么，他们还会默默观察你怎么做。

6. 领导魅力也好，个人魅力也罢，这都需要累积。在累积之前，你需要明确自己的目标：你要成为一个什么样的人？而现在的你，距离目标还有多远？你打算为这个目标做点什么？你越努力，付出得越多，你的魅力值就会越高。因为，专注的人最迷人。

7. 不要把向下的团队管理当成你对管理的全部理解，很多时候向上管理也许更重要。

8. 如果你认为自己并不是一个善于察言观色、搞好人际关系的人，那就不妨让自己更简单一些。简单就是，快速地找到对方的目的。人们所有的行为和动作都是为主要目的服务的，而情绪和其他只是附属产品。

9. 在公司里，要养成定期汇报的习惯。每一次的汇报，要做到三点：有主题，有逻辑，发言简洁。

10. 当你的下属来找你诉苦或者是告状的时候，不妨先给他 3 分钟的时间，听一听他的情绪诉求，多问他几个“然后呢”，再问他“那你希望表达的是什么”“我能帮你做的是什么”，从而快速地梳理出他来找你谈话的目的。

11. 沟通的第一步，一定是先接纳对方的情绪。稳定情绪才有正常的逻辑。

12. 尽量养成每周做复盘和小结的习惯。如果精力足够，也可以每日复盘，尝试用结构化的方式、以填空的形式去做，这样会更容易坚持。比如使用“我做了”“我发现”“我希望”三个小标题为框架，分别对应“今天我做了什么事情”“我发现了什么盲点”“我希望做出怎样的改进”。每天自省和改变一点点，一年下来就会大不同。

13. 一个人的沟通方式不一定会随着职位的晋升而晋级，所以即便都是领导者，沟通的方式也千差万别。逐渐觉察和总结自己的沟通方式，并且在此基础上总结他人的沟通模式，针对这些沟通模式，想一想对应的策略。那么，针对性子慢热的人和脾气急躁的人，你会有不同的应对方式；针对自负的人和自卑的人，你会有不同的引导办法。

14. 做领导的意义就是要不断地解决麻烦的事情，而解决问题需要的是逻辑，不是情绪。你只有先平复自己的情绪，才能做出正确的判断和决策。

15. 每隔一个阶段，给自己设定一个辞职倒计时。问问自己，如果明年的今天或者后年的今天要辞职的话，要在这个公司里完成什么样的目标？以倒推的方式逼迫自己明确目标，加快成长。

16. 每两年去面试一次，每次面试完自己都要进行复盘。看一看自己本轮的发挥，哪个地方有漏洞，个人总结有什么地方没有做得太好，表达逻辑还有哪些可以重点突出的。这样，既增长了面试经验，又学到了面试他人的技巧，还对标了自己在市场上的价值。

17. 认证个人的价值感，可能需要很多仪式化的东西。每个人对个人价值感的标准或许不太一样，有的人看重的是金钱，有的人看重的是他人的认可……一旦有了这些外界的认证之后，要在内心自我扩大，找出更多肯定自己的理由，模拟一个获奖时刻，假装现在自己要发表获奖感言，并且一定要说出足以服众的获奖理由。通过明确这些理由，看到自己的闪光点。

18. 许多人觉得愿景是一句空话，不同等级的人，对“愿景”的理解也不太一样。内心能量等级越靠下的人，越会把愿景当作愿望具体化，他们这样想并没有什么错。针对这样的人，就要尝试先满足他们所需要的，让他们看到希望。要尝试在这样的人里面找到内心有想法的人，可以先给这样的人机会，他们会很快脱颖而出。

19. 你的部门计划就是你的长期想法和眼下短期的做法，要注意它们的逻辑性和统一性。给领导提报的东西，任何时候都要注意逻辑性和关联性，要适时地做到有新意，因为每个领导都不喜欢一成不变的东西。

20. 你的部门总结就是你完成任务的成绩单。要敢于帮自己总结成绩，要善于发现自己做了什么；要尝试给每一个项目进行不同阶段的划分，标注出它重要的里程碑节点；要有意识地对标自己目前任务的完成度。不仅要阐述清楚自己完成了什么，也要阐述清楚完成这个阶段的任务对于整体项目的历史意义。

21. 部门之间或许会有排名和对比，领导者之间或许也会分出阵营和小团体。都说“优秀的人，从不站队，都是独来独往”，但是先要确定自己是足够优秀的那个人才可以。如果一个真正优秀的人，可以帮助他人，也可以和团队很好地融合，那岂不是120% 的人才吗？

22. 做事并不难，教会他人做事才难，发觉他人的动力点、引发他人主动去做事更难，而这就是领导的工作之一。

23. 不要在内心先反驳上司或者老板异想天开的想法，先听他说完，再问问自己：他这样想的目的是什么，我目前可以怎样完善这个想法？你和你的直属领导是利益共同体，如果他倒下，对你没有好处。

24. 要结交一些和你同等级的人，这倒不是划分什么小圈子，而只是因为大家等级相同，可能你现在遇到的管理问题，他不但可以理解，而且刚好有答案。

25. 不要害怕比你强的下属，要以寻找接班人的态度让下属来“抢夺”你的位置，因为只有这样，你才能逼着自己空出现在的位置往上走。下属成长了，你就只有两个选择：要么走人，要么上升。不逼迫自己成长，就会惰性地下降，留在原地不过是彼此互相耽误而已，没有赢家。

26. 不论对一个企业有怎样的抱怨和不满意，一旦有一天离开这里，都请以感恩的心态去感谢它：正是因为它的不够完美，你才有了今天这么多的成长机会。

27. 不要轻易对下属许诺，自己走了之后可以带上他们。你要相信下属的成长空间，要让他们成为你的对手，而不是你永远的下属。

28. 别害怕下属不喜欢你，甚至和你对抗，那是你迟早都会遇到的事情。那些下属觉得不适合跟着你，或者学不到东西，自然会走。你反而应该提防的是，开会的时候只有你一个人在讲话，其他人都不敢讲话。因为当你没有接班人的时候，就永远无法升职，而只能坐这个位置。带不出优秀的人，你再包装自己也没用。

29. 要恭喜下属离职找到更好的企业，给他们更有用的建议。如果遇到因为年薪问题而离开的下属，也不必讥讽，因为每个人的生活状况不同，金钱对每个人的意义和作用也不一样，与其嘲笑甚至希望他们跌落马下，不如给他们提一些有用的小建议。出了门，大家不是同事，还可能是同行，好聚好散最好。

30. 养成定期梳理文件、做好文件列表的习惯。因为如果有一天你离职了或者被离职了，在整理自己工作历史的时候，会更轻松一些。以一期一会的心态去工作和生活，才更容易珍惜当下，绽放光芒。

/ 第三章 /

当众说话：演讲改变的不仅是自信，更多的是思维

我 29 岁以前在人群里是个“哑巴”，永远都做人群里的小透明，是存在感最低的那个。我怎么都不会想到 30 岁会被工作逼迫着开始当众讲话，35 岁因为出了一本书，居然能上台演讲……

/ 对我来说，演讲最初只是出书的赠品 /

在出书之前，我能上台的机会最多就是在公司年会上做个主持人，后来是怎么萌生了演讲这个想法的呢？是因为出书。

这也是为什么我会感慨人生很奇妙，你会因为一件不相关的事而衍生出很多其他能力。

在开始演讲之前，我其实是惧怕这个舞台的，真的。

不知道有多少人会时不时地自我定义，把自己定义成内向型性格，或者给自己找一些理由，比如因为我是什么星座，因为我普通话不好，所以我不适合怎样怎样。

我也一样。

最开始主持公司年会，是因为同事们觉得我嗓音不错。因为嗓音不错，所以肯定主持也不错，这逻辑我也是无可奈何。

大部分的机会其实都不是预设好的，而是因为赶鸭子上架得到的。

那个时候我刚到公司，参加了一个打鸡血式的培训，所以心态转换得算是比较得当。换作以前我肯定会推脱，但经历过那次培训之后，我觉得凡事都应该换个角度，把挑战当成机会试试看。不去体验一下，你怎么知道你不行呢？

做不好，难道还会做坏吗？最重要的是，坏能坏到哪里去呢？

当然，我真的是高估了自己的承受能力。

80% 惧怕舞台的人，其实不是害怕站在台上，而是害怕上场前的那一刻，压力、崩溃、退缩，各种杂糅的情绪扑面而来。

迄今为止，我来公司 8 年，主持了 7 场年会。回头去总结，我唯一得到的经验就是：上台之前的自我激励，比任何鸡血都管用。

当然了，别看我现在说得好像很轻松，当年也是尿得够呛。

为什么我来公司 8 年却只主持了 7 场年会呢？因为第一年上台主持之前，我因为紧张加上药物过敏满脸起了大包。

现在想起这件事，真的是又窘又好笑。

后来我为了洗刷这个“前耻”，也为了锻炼自己，在之后的一年里利用业余时间找到做婚庆的朋友，接了 10 场婚礼主持。

越是害怕，越要给自己脱敏。

当时唯一的想法就是，我 30 多岁可以因为惧怕舞台、惧怕面对人群、惧怕成为焦点而临场落跑，那我 50 多岁的时候还要这样吗？我如果以后开了公司，成了管理者，也要这么战战兢兢地讲话吗？

后来我读过一些关于心理治疗的书，书里提到，当你害怕面对的时候，尝试把这件事放在一个更长远的时间里去看，你就会找到支持你的勇气和力量。

主持 10 场婚礼之后，我变得没那么害怕舞台了。但第二年主持公司的年会依旧还是紧张，但我努力地撑了下来。我在主持 10 场婚礼的体验里，不但实现了自我接纳，还找到了一些克服上台紧张的小窍门：

1. 多喝水。
2. 上台前去一次厕所，对着镜子记住自己最好的状态。
3. 开场前，说三句永远不会错的短句。

有了这样曲折的经历之后，我遇到了出书这个契机。

在经历过出版第一本书时的懵懵懂懂之后，我逐渐从第二本和第三本书的谈判过程中，找到了自己的优势，并且顺带把去高校做演讲的要求，当作衡量出版方诚意的指标。

那个时候我还挺单纯的，不过有些自以为是。我以为内心有想法，有成长的收获，希望和大学生分享，就一定会获得支持。正因为这样不切实际的期望，后面才迎来了巨大的耳光。

我人生的第一场演讲是在北京的一个咖啡馆里，当时是一个线上教育平台邀请的，但是后来闹得很不愉快，在这里就不多提了。

那场演讲主办方没什么经验，我也是紧张万分。我在那之前没做过演讲，因为不懂，所以就参加了一个培训师的课程，尽管毕业分享做得还可以，但是临上场前依旧是紧张到睡不着。

我担心没几个人来，也担心讲 10 分钟人就都撤了，我甚至反复想着自己的 PPT 内容够不够用。

好朋友呆呆、美兰、苏阳、狐狸，为了帮我打气，都特意从四面八方赶过来。

我至今都记得，那是个冬天，我穿着一件深蓝色的长款大衣，里面戴着一条带有蓝色印花的围巾。我和呆呆在咖啡馆旁边吃了午饭，我紧张到胃疼吃不下什么，手和腿一直都在抖，呆呆一直和我说一些无伤大雅的玩笑来缓和气氛。

我有提早到现场的习惯，于是提前了十几分钟到达。

咖啡馆没有后台，也没有休息间。我坐在角落，看着来了一个人冲我打招呼，找了位置坐下，又来了一个人冲我笑笑……

渐渐地，人多了起来。苏阳还给我带来了一束花，这样即便不认识的人估计看到我拿着花也能猜到演讲者是我了。

我的手心开始冒汗，感觉心脏快要跳出来了。

我开始埋怨主办方为什么不安排一个主持人暖暖场。很快，人多到椅子坐不下了，主办方的联络人和我说，现场有点超员。本来报名30多人，但现场来了70多人。我看到有人开始搬椅子，有的人索性站着。

我忽然觉得很尴尬，也很愧疚，我内心里的讨好型人格一直在试着跳出来。因为主办方的人要做开场发言，我一直按捺着自己。

我悄悄地对狐狸说："哎呀，现场好沉闷啊！我真想跳出去说几句，或者给大家唱首歌。"

狐狸拍了拍我说："淡定！淡定！"

活动开始的时间往后延迟了一些，当主办方的人说还要再等等，我几乎愤怒到不行。

我非常讨厌迟到这件事，虽然知道一些活动会拖延一些时间，比如说好是15点半开始，其实大部分都是16点才开始。可那是别人的活动，这次不一样，这是我自己的活动呀。

最初做活动的时候，我都持一种非常卑微的心态，如今这种心态少了很多，但在当时，我真的把自己放在了一个特别低的位置。

我觉得，我就是一个普通人，何德何能，让别人大老远地前来，并且还要等？我想，也许我一会儿讲的时候你会失望，可能我讲了一会儿你就要走，但至少活动能准时开始吧？

后来，我几乎是压制不住怒火地去找了主办方，活动才得以开始。

既然是主办方致辞，就免不了打打官腔，顺便发发广告。这种行为，现在看来是无可厚非的，毕竟人家提供了场地，还邀请我过来，还做了会议通知。但当时我几乎被气炸了，觉得他们怎么这么差劲，延迟开场也就算了，上来还做广告。

这就为后来的大吵埋下了伏笔。

总之，轮到我上场的时候，我紧张、激动、兴奋异常，一个半小时很快就过去了，没人离场。我感动得就要哭出来了。

之后，我以为自己恢复了平静，直到签名的时候我才发现，我的手抖到画不了直线。原本说好了给人家画个卡通头像，结果出手就是歪七扭八的。

众人合影的时候有人说："大家把川叔的书亮出来呀！"

迄今为止，那张合影依然是我最宝贵的收藏。

在第一场活动做完之后，现场有个美女联系我说，她那边也有一个场地，可不可以请我去做一场活动，顺便也给他们公司的人讲讲。我立刻开心地答应了。

应该是隔了一个月左右吧，我就开始了第二场演讲。主办方是北京一家老牌广告公司，对方可能是看到了上次听众爆满的场面，于是特意找了一个 300 多平方米的咖啡馆。主办方告诉我，报名的已经有 70 多人了，我不禁沾沾自喜，却万万没想到这会成为一个大型打脸现场。

我相信你不用猜也知道了，那天没什么人来，算上人家公司自己的人也就 30 多人。主持人是一个刚到公司的女生，她看我在后台有点崩溃，就解释说："搞不好是因为今天地铁票涨价，所以大家都不乐意出来了。"

我表面苦笑，其实心里清楚，不是因为地铁票涨价，而是那些听过演讲的人，并不期待我今天讲的内容和上一次会有什么区别。也就是从那次开始，我每一次演讲都会修改自己的 PPT，添加新的内容进去，并且渐渐地尝试把自己的演讲分出不同的主题。

经历了意料之外的狂喜和大跌眼镜的丢人之后，我安慰自己说，以后应该没有什么场子是我不能面对的了吧？

事实证明，我太高估自己了。

从那之后，我开始利用微博寻找高校演讲的机会，这时我逐渐有机会和学生打交道。

我并不懂高校演讲的流程，我只知道，我发了微博，有学生看到就会私信我，我们就加了 QQ 聊天，尝试去敲定什么场地和流程。

一大半的时间我是被拒绝的。理由有很多，比如，学校老师没通过，场地协调不了，甚至临时来了一个综艺主持人，我没有人家名气大，等等。

也有中途夭折的时候，比如，学校不允许拿书进现场，甚至严肃地告诫我，如果出现图书售卖行为就会被要求活动暂停。

我当时一边上班，一边对接这些，真是分身乏术、苦不堪言。

其间我也想了一些策略，想着如何让学校更好地接纳我。我联系了 3 家公司，拿到了 30 个暑期实习的职位。我会帮着人力资源主管做高校的首轮面试，我有推荐权，被我推荐的人，公司人力资源主管会见一次，之后安排进入实习。

我能有这个想法，源于第二次演讲失败之后。当时联系我的那个美女在后台安慰我说：“我觉得你讲得很好，对当下的年轻人也有帮助，他们没来是他们的损失。真希望现在快毕业的大学生能听听这些，好在职场里少走点弯路。你是不知道，每一年来实习的学生，都准备得太少了。”

这句话点醒了我，我就顺着话茬儿说：“我之后还会去高校做演讲，如果你们有招募实习生的需求，我可以帮你们提前去筛选人。当然，我也会在演讲环节里介绍一下你们公司，我觉得效果会比你们自己去校园好。”

我随口说的点子，获得了那位美女的强烈认可。

后面我有 5 场高校演讲活动都获得了这家公司的支持。我又找了做人力主管的朋友，我猜对方也是抱着试试看的态度同意的。

就这样，我自认为做了万全的准备，3 家公司，30 个实习职位，我降低了所有的要求，同意学校所有的规则。学校不让卖书，可以，我自己带 5 本书，现场当作礼物送给参与活动的同学，这样总可以吧？

如果是在北京或者天津，距离很近的地方演讲，我愿意自己出路费去。我没有经纪公司，没有助理，所有的流程、环节，都是自己一个人对接，自己买火车票、自己协调时间，我就是希望能进一次高校。

第一场演讲，是在天津商业大学做的。现在想想，我都有点对不起来参加的学生，因为对接的社团是冲着我带去的职位来的，所以提前在学校内做了宣传。来面试的人特别多，我于是决定把演讲变成一个小时，剩下一个小时做面试。

我的 PPT 内容准备得特别多，结果上场之后，一个开场就讲了 20 多分钟，导致后面的干货内容过得飞快，真是太对不起他们了。

我就这样开启了自己的高校演讲之旅，当时给自己定的目标是 10 场。

每次接到一个演讲邀约的时候，我都会修改 PPT。我会问问自己，这次我要和学生们分享点儿什么？每一次演讲完毕我都要总结自己，这次出现了什么失误，现场的气氛如何？

现场会有很多突发情况，比如，社团宣传不给力，所以来的人很少，甚至有些同学明显是被人拉来的，对演讲的主题毫无兴趣。

最尴尬的一次是在一个医药学校，全体听众都在写作业，没人参与互动和听讲，现场的我又尴尬又难受。

我曾经遇到过一天讲 3 场，也曾经遭遇过瓢泼大雨，更有发着高烧，一边咳嗽一边去演讲。当体力达到极限的时候，我的心底总有一个声音说，经历过这些之后，下一次再遇到这种情况，你就知道怎么处理了。

达到10场演讲的目标之后，我给自己定的下一个目标是50场。我希望走出京津地区，去外地看看，但这就涉及了两个非常现实的问题：请假和费用。

很多外地的高校都希望演讲时间最好在周五晚上，或者周四晚上也可以，因为那时候学生最多，本地的学生也都不回家。

但对我来说，最现实的问题就是，请假需要扣日薪。请假一天我会被扣1080元，还会影响绩效考评，这对我来说就是成本。还有路费，不论是高铁还是飞机，都涉及费用支出；如果当天活动结束很晚可能还需要住宿，这些都是钱。

很多事情一旦实际操作的时候，才发现步履维艰。

可能这时候你会问："那出版社怎么不帮你？"我只能说那时的我是那种不被宠爱的作者，所以，别等了，天上不会掉馅儿饼。

很多想帮我联系社团的读者，在面对这些现实问题的时候，也纷纷打了退堂鼓。

我后来也逐渐总结了一些经验，尽量找有经验的社团来对接，因为对方更懂得如何去分摊成本，比如和当地的书店以及其他几家兄弟院校一起做活动，这样书店出了一大部分费用，几个院校平摊就没多少钱了。只是我会辛苦一些，去一个城市至少要讲 3 场。

我不怕辛苦，我的原则是，只要不让我自己添钱进去，请假我认了，只要对学生们有用，我可以上午讲一场，下午讲两场，晚上讲一场。

这件事给我留下的最大后遗症就是，我得了慢性咽炎，至今都没能痊愈。

我把之前经历过的种种恶劣情况都当作财富和宝藏，所以我自认为没什么可怕的事情了，但还是有一些出乎我意料的地方。

一般来说，我的演讲是一个半小时，留半个小时做答疑。

去高校之前，我一直觉得我的演讲或许对大三、大四的同学最有用，毕竟他们离职场最近。可真的去了校园才发现，到场的反而是大一、大二的同学偏多，因为他们最有热情，大三的同学抱着试试看的心态来听听，大四的都在忙实习，看到宣传的时候也会甩一句说："这是什么鸡汤作者，他能给我讲什么？来给我上课啊？免了吧！"

我不得不在开场环节的时候加入一个提问：现场有多少大三、大四的同学？举手示意我一下。如果举手人数多一些，我就说一些关于初入职场制作简历和面试的技巧；如果大一、大二的同学多一些，我就讲时间管理、个人成长，以及跨专业就业需要提前准备什么。

一次次地讲，一次次地碰壁，一次次地观察，总会有一些收获。当我发现大家在看手机的时候，就代表我说的这个话题太“干”了，需要有故事；当现场有点沉闷的时候，或许就需要一个段子或者是笑话来调剂。

去演讲之前我就认为，自我介绍很重要。我为什么能讲今天的这些主题？和我的经历有关。不是因为我比别人做得好，而是因为我在他们那个年纪走了很多弯路，所以我分享的其实都是我的错误中的经验和教训。

说自己如何成功，那是成功者要做的事，我还不是成功者，这一点从一开始我就很清楚。

我当时 30 万的年薪，在北京不算什么，甚至在很多学生眼里也不算什么。毕竟我的年纪在那儿摆着呢，可能很多大学生毕业后选对了工作行业，几年就可以超越我。

曾经有一位北京知名学府的同学，直接在演讲的提问环节站出来说：“我们的专业是全世界第一的，我们大三、大四的时候都会出国做交换留学生，我们毕业基本就是这个领域的高管，我为什么要来听你的励志故事？”

其实他提的问题，就是我一开始最担心被问的问题。因为做好了这样的准备，所以每次演讲我都会把自己放得很低，不装高深，也不矫情。我回答道："我最大的资本是经历，尤其是犯错的经历，所以，如果你不希望犯和我一样的错误，那么听一听我的故事或许对你有帮助。"话毕，我听到了那一晚全场最热烈的掌声。

/ 如何准备一场演讲 /

一定有很多文章告诉过你如何做一场演讲，甚至有更多的文章告诉你，演讲的 PPT 要如何排版，配色的原则是什么之类的。既然已经有人讲过了，那我就结合自己过去的惨痛经历，和你说一说演讲的准备工作。

如果你是被邀请去做分享的，那么在和对方沟通的时候，一定要索要其他负责人的联系方式；如果是学校社团的人来找你，请让对方给出社团的会长或者团委老师的联系方式，这样做是为了防止万一对接人失联，或者安排出现了问题，而导致投诉无门、叫苦不迭的情况。

我之前就是因为太过于轻信别人，而且联系方式又过于单一，导致被丢在哈尔滨的一所高校，至今对哈尔滨都怀有阴影啊！

在和对接人沟通的过程中，差不多就可以确定好本次演讲的主题，也不妨参考一下对接人的意见，毕竟他们更知道受众对什么比较感兴趣。

对于像我这种类型的作者来说，最开始的演讲一定是分享自己的故事，讲自己的奋斗过程，还有人生经历。这种内容讲多了，就会逐渐提纯，从而派生出很多不同的小主题，比如我的读书方法、写作方法、时间管理方法，等等。

可以尝试去一些小的读书会，把这些小主题以小组分享的形式演讲出来，既可以锻炼自己，又可以给演讲 PPT 查漏补缺，不至于上场的时候内心发怵，逻辑混乱。

确定好主题之后，就顺带敲定时间和行程安排。

演讲时间上，因为自己还要上班，所以希望安排在周末。如果对方很坚持，就可能会安排在周四或者周五，提前把自己手头的工作做好交接和安排尤为重要。

外出做演讲，我一般会有几个小习惯，当然，这些小习惯都是经过了血的教训养成的。

我会自己准备一个保温杯，入场前灌好温水。很多人会因为宾馆的床不合适，或者太紧张或者太兴奋而导致失眠，而我一旦失眠往往会出现胃痛的情况，这时候喝一些温水对我来说有很大的帮助。常规的场地都会提供饮用水，但如果你希望喝一口热水，通常热水都会烫得要命，可能你讲完一小时，这杯水还没凉下来。

吃了几次亏之后，我就养成了带保温杯这个小习惯。

此外，我会随身携带演讲用的 PPT 以及翻页器。

我会把演讲的 PPT 保存在 U 盘里，即便主办方要求我提前把 PPT 发给他们，我也会带上 U 盘作为备份。保险起见，我还会在出发之前把 PPT 发到微信上，以防 U 盘出现问题。

我一般会提前到场地，站在舞台中间，提前感受一下，祛除内心的紧张。如果是去学校的话，我会请对接人帮忙提前测试一下 PPT 的效果，顺便测试一下翻页器。

我还会走到台下，观察一下后排同学看到 PPT 的效果，包括字号的大小，从而确定下一次要如何调整。

说到翻页器，为什么我要自己准备？是因为很多高校没有这个设备，通常只会有一个主席台，或者是讲桌，演讲者往往是站在台子后面，在电脑上边讲边翻。在我看来，这种形式特别像讲课，而对一个演讲者而言，营造氛围很重要，如果是分享，就不要太拘谨、太正式。所以，我更希望的是可以在舞台上随意走动，甚至有可能走下台去互动。这样的话，翻页器就很有必要，与其和主办方要求，还不如自己买一个，也没什么麻烦。

除此之外，我还会在现场分发一些小礼物，这些小礼物可能是我自己制作的卡片、年历，或者是和图书相关的周边产品，比如书签等。

因为我的书很容易买到，所以给大家准备一些买不到的小礼品，用来鼓励第一个举手参与，或者第一个举手提问的人，效果都还不错。

我还会随身携带签售用的笔，因为有的时候遇到老读者，或者有特别要求的读者，我需要给对方画一些小漫画。这样的话，自己最清楚什么笔画画比较好看，且不至于线条太粗。

而且我通常都会准备两支笔，和 U 盘、翻页器一并放到铅笔盒里。

做好了以上准备工作之后，接下来就进入演讲环节了。

我算不上什么演讲达人，在做了 200 场演讲和分享之后，我会把演讲分成这样几个部分：破冰缓和气氛、提问引发共鸣、提出观点、讲案例、引发思考等。

破冰环节就是自我介绍。之前我觉得这个环节特没用，都是在说废话；后来才发现，你只有说明白了你是谁，你为什么有资格去说这个话题，你才能获得观众的认可，从而让他们听进去。

如果现场大家坐得比较分散，我还会提前组织一下，让大家往前坐，并且告诉大家，这样拍照会显得人多一些。往往讲完这点很多同学都会笑起来，但确实是这样嘛！

在书店、咖啡馆等地方做活动时，开场要尽量简短，因为能来的人大部分都认识我，或者是看过我的书的人，他们来是希望有所收获。

在高校做活动，开场需要稍微长一些，讲一些我过去的经历，尴尬的事儿或者有趣的事儿，还需要通过简单的介绍让大家熟悉我，也可以用于暖场。

一般情况下，我会先确定有多少人认识我，用举手参与的方式进行提问，比如我常会问："现场有多少人读过我的书？请举一下手。"

这个提问其实有点危险，容易让自己陷入尴尬，但我也做了应对措施，如果只有一两个人举手，那就先送礼物嘛！

我常爱问的问题还有："有多少大三、大四的同学？举手示意我一下。"用这个提问可以确定一会儿我讲的 PPT 里哪些内容是需要快进的。如果大一、大二的同学比较多，他们会对自我管理、心态调整、确定目标这一类的内容更感兴趣，包括暑期实习之类的话题。但是对于写简历、面试，甚至工作后需要注意什么，这些离他们的生活还远，我就会选择快进，或者只讲框架和原理，不展开讲故事。

所以，短短的一个破冰环节，其实会带来很多有用的信息。

这里我要特别提示一下，破冰环节要适当依据场景降低自己的心理预期。我最开始做演讲的时候，很希望自己的开场白一开口就像相声的“贯口”一样获得满堂彩，但往往结果都是尴尬的，而且是越准备越尴尬。

对演讲者来说，期望一个掌声热烈的开门红是没错的，如果现场都是你的读者，你卖个萌他们就能懂；但如果来的都是社团拉来的人，你没事卖萌，大家就会觉得你这是有病吧？一旦冷场，基本整场全废。

最后，我总结了一个道理：说三句怎么也不会说错的句子，说完你就要掌声，掌声起来了，你就兴奋了。

这个妙招屡试屡胜！你不妨也试试。

接下来就是提问引发共鸣环节。这个环节，你可以讲小主题，也可以讲大主题；可以用一页 PPT 去说，也可以变成一个小的分享会。

我相信大部分能上台分享的人都会有一个自己擅长的主题，可是如何说好，如何说得好听、到位，其实特别难。

难是难，但也有一些土办法。以下我和你说的这些土办法都是个人总结，如果有不对的地方，还请嘴下留情。

1. 他的痛你帮他说，他就会觉得这事儿和他有关。

古话说，摆事实讲道理。但没人爱先听大道理，那怎么摆事实？例如：你是不是一直苦恼，为什么你一直勤勤恳恳上班却不能加薪？

你是不是一直好奇，有没有什么可以写出10万+阅读量的文章的公式？你是不是做事三分钟热度，觉得自己坚持不下去？

把他的痛苦一连串地摆出来，如果能击中他，他就会来了兴致。

2.避免啰唆，把道理变成有数字的小标题。

例如：提起加薪这件事，可能人人都关心，但是这里我要提醒你，要把观点用数字化的形式做概括，既容易产生方法，也容易做出自己的概念。但是切记，这种自主研发的概念别太多，两三个足矣，因为新名词太多，大家都记不住。

3.要明白你说什么的同时，也要明白你在对谁说。

这点其实有点难，因为很多时候你也不知道台下坐的都是什么样的人。所以，我开场破冰的时候，会先做一点小调查，比如，现场有多少已经工作的同学？举手示意我一下。有多少大三、大四的同学？举手示意我一下。

为什么要做这种调查和统计？因为你清楚了受众构成，才能及时调整演讲的侧重点。不然台下都是大四的同学，你还在说大一、大二的事儿，谁爱听啊！

这样操作是最简单的现场调研，包括所谓的送小礼物、玩搞笑梗其实都是技巧。

演讲者基本上需要在台上做足200%的心理建设，不但要为自己减压，还要注意调整演讲的状态。

我平时喜欢参加一些论坛，也喜欢参加一些活动，每次有人发表演讲的时候，我都会去观察对方的状态。你无法想象，现场任何一点小小的失误，都可能会打扰演讲者的情绪。

所以，不同的人有不同的排遣紧张的方法。有的人会摆手，有的人会假笑，有的人会不自觉地摸鼻子。

演讲里会有最基本的“手眼身法步”的要求，大概就是说你的眼神、肢体、行动和手势要如何配合。而这些都是要求演讲者在熟悉了演讲内容、PPT 节奏以后，才进行的附加训练。你的动作好不好看、手势到不到位、走位对不对、拿话筒的姿势、和人打招呼的方式、点选提问者的手势，等等，都需要练习。

演讲，不仅仅是讲，还需要演。演什么？我觉得肢体动作算一种，但这不是演的全部，我认为最好的表演是揣摩。

演讲者揣摩了观众的内心活动，把观众最期望看到的那个形象物化，借助技巧把观众最感兴趣的部分放大，这就是演的奥妙。

一场演讲里最难的是两件事。

第一难的是说明白自己。

即便你是大家耳熟能详、家喻户晓的明星，当你站在舞台中央的时候，你也依旧要说：你是谁，你为什么来，今天你有什么事情值得和大家说。

说自己，说目的，这是最难的环节。而且要根据受众的年龄、接纳程度，甚至是感兴趣的点，进行不断修改。

第二难的是把故事说好。

讲故事人人都会，但是要讲得有节奏、有起承转合，讲得从开头抛下包袱别人就爱听，之后峰回路转一路跟下来，这太难了！

小聪明只能赢得一阵掌声，经过磨炼的大智慧才能赢得一片掌声。

把故事说好的人都必须忍受两点：

1. 能忍受停顿和静默。

现场是有节奏和氛围的。为什么很多时候脱口秀演员喜欢甩段子，加点欢快的音乐？因为不这样做就会太沉闷。而且人的紧张是可以被声音、动作带出来的，你越紧张就会讲得越快，节奏越容易乱。如果现场的回应和互动再差一些，演讲者就很容易丧失信心，这个现场特有的气氛就散掉了。

成熟的主持人会有坏习惯，就是不让话掉在地上，因此很多做现场的主持人都会有话多的毛病，让人觉得特别聒噪，这是职业习惯使然。对他们来说，一秒钟的空当，就宛如一个世纪那么让人难受。但对于一个演讲者来说，适当的停顿，甚至是留白，是非常容易引发别人思考的。演讲者要对这个停顿具有无比的自信，才可以留在这里，转换状态。当然，演讲者在停顿之后抖一个大包袱，或者给一句爆点十足的金句，才可以抹平之前的空白。

2. 你可能很长时间都说不好故事，而且说的次数越多，越觉得自己在倒退。

凡事都有个标准，就好像在电视机这边看别人参加唱歌比赛，谁都能当评委，说这里不好，那里不对。你行你上啊！挑错谁不会啊！

所以，你知道一场好演讲是什么样的，最怕的是你知道却做不到，或者你知道，也去做了，但是努力很久也做不到。这才是对自信最大的打击。我经常在演讲中讲自己真实的经历，这些故事不仅精彩，而且非常有意义，可很长一段时间里当我讲完某段经历，发现台下回应者寥寥无几，根本达不到效果。

这种时候就容易产生自我怀疑，我怎么就这么笨，连个故事都说不好……后来慢慢地我才找到节奏感，故事越讲越精彩。说白了，就是缺少练习，只有不断练习才能越讲越好。

做一个演讲者不难，但做一个优秀的演讲者很难。

能上来不先说道理，而是抛出一个让人感兴趣的观点；能侃侃而谈，拥有镇住全场的气度；能言之有物，还能做好形体和表情管理，这样的一场演讲不只是演讲，更是一场视听的盛宴。

不论多成功的人，也都是从普通人开始的。选择在人前开口讲话，就已经是一件特别勇敢的事了！

如果你本身没有什么资历，或者你没有最好的方法，那么就用真诚去演讲。因为不论多炫目的技巧，都敌不过真诚的态度；不论多华丽的表演，也抵不过自然的举止。

最后，祝愿大家都能上台不㞞，好好说话。

/ 从“鸡汤狗”到“知识 IP”，我用了 200 场分享 /

出第一本书那年，我听着最刺耳的三个字就是“鸡汤狗”。

我也不知道从什么时候起，“鸡汤”这个词就变了味道，大家只要看到故事，甭管里面有没有内容，自己有没有感触，都先甩出一句“这就是鸡汤啊”！

仿佛说了这句话之后就特解气一样。

我们被骂得没什么脾气了，在一些作者群里，大家也互相调侃对方就是一个“鸡汤狗”。

我从一开始就设定了自己出书后的任务：要演讲，要走进校园。

有一次，出版方给我联系了天津图书大厦，现场没有 PPT！我这种离开了 PPT 就不太会说话的人，心里有点害怕，于是就在路上想，要分享什么话题呢？

要不就说一个小的主题，再结合自己的故事，最后给大家总结几条经验吧！这么想很容易，但去现场说的时候，还是尴尬。书店里人来人往，我像个卖货的，嚷嚷着。现场仅有的几把椅子被一些我叫来当托儿的读者占住了，其他路过的人就站在外面瞅几眼，然后有的走开，有的留了下来。

那场演讲我不敢说是成功的，但让我开始反思：我不可能每次都去高校，每次都和学生说自己，如果没有那么长的时间，那我该怎样把自己最鲜明的东西展示给别人看呢？

从此，我开始琢磨"主题演讲"这件事。

很多作者其实并不是演讲者，所以最常用的套路就是"说自己"：我是谁，我做过什么，我是怎么出书的，我认识了谁，我的朋友是怎么看我的。

因为出书的关系，我认识了一群豆瓣上的朋友。别人出书需要嘉宾，我也过去凑热闹，一来二去我就大概明白了怎么做一个嘉宾。比如，如何给朋友的书捧场？如何给自己的发言找亮点？如何让话题再回到活动本身？

活动参加多了，我就在思考，我可不可以和他们做个区分呢？

这个时候知识分享兴起了，开始出现了大规模的群学习现象，各种各样的群分享纷纷崛起。我也接到了不同的邀约，和之前不同的是，分享活动都是两个小时，所以我可以讲故事，开玩笑，走到台下去互动。而线上分享大部分都是一个小时，或者半个小时，大家听完可能会有讨论，但我看不见人，只能看到一个个名字。

我的内心更慌了，因为我不知道自己分享的反馈是什么样子。

好在很多社群一开始邀约都会要求我提供演讲的主题和要点，方便前期宣传。我就硬着头皮去写：这次的分享主要和大家说的是毕业后你要做什么准备，包括毕业心态的准备、简历的准备和面试的准备。

那时候我还不知道这个东西叫作框架，完全是硬着头皮去写，然后把自己在高校，包括校招时候的案例更新上去。毕竟我一个人的故事很有限，况且隔了 10 多年也未必有代表性。就这样，我误打误撞地分享了一场，效果还不错，一大堆人立刻加我微信，导致我的朋友圈都快爆炸了。

没多久，各种社团之间就好像一阵风一样地传开了，说有个叫小川叔的人说职场挺不错的。

那时候大部分的分享都是免费的，所以社团的邀请也是免费的。但是没关系，我仍然一次又一次地空出晚上的时间，拿着手机，插上耳机，保证信号畅通，然后分享半小时或者一个小时，剩下 20 分钟和大家互动回答问题。

我的逻辑思维和临场应变能力，在这一轮的历练当中几乎得到了飞速的提升。

至今我都要感谢十点读书会，感谢行动派，感谢馒头学院和职场充电宝，以及其他社群，是它们给了我锻炼的机会，给了我更大的演讲平台。

接下来，我的第三本书出版，我借着各大社群的分享活动，开启了马不停蹄的宣传活动。最多的时候，我一晚上做两场分享。最惊险的一次是定好了分享时间，可偏偏那天公司老总临时要求开一个会议，眼看着时间快要到了，我只好假装肚子疼，躲进厕所里做了半个小时的分享，回来再开会，开了一小会儿再假装上厕所，做了 15 分钟的回答提问。

因为分享活动，我认识了很多学习型的社群，也因为分享邀约，逐渐结识了很多知识型的大咖，比如古典老师。当年我出第一本书的时候，他已经是百万级的畅销书作家，而我还是个小透明，去听他的讲座，现场合照还透着一股粉丝找偶像合影的青涩气息。可谁也没想过，仅仅过了一年多，我变成了 3 本书的作者，也悄悄在一些分享群折腾，认识了一些百万级大号的创始人，也变成了和古典老师面对面喝茶的好朋友。

后来知识付费开始兴起，我也报名参加了一些收费群，其中收益最多的是李海峰老师的 DISC（人类行为语言），以及秋叶大叔创办的知识 IP（网络协议）群。我几乎是在这两个群里完成了自己从一个故事分享型作者向知识型作者的转换，也认识了我一直梦寐以求的在线教育的达人——秋叶大叔，还有萧秋水等知识 IP 界的好朋友。

知识 IP 群做全国巡回到了北京，秋叶大叔邀请我去做分享。当我接到这个邀约的时候，我已经做了 200 场的分享，100 个小时的职场个案咨询。但是我深知，这离我未来希望做的在线教育，还有很远的路要走。

不过，有什么关系呢，只要有了目标，就有希望到达那里。

在台下候场的时候，这次大会的主办方，也是我们知识 IP 群的大总管邻三月很紧张。她很害怕，总担心上台前会摔倒。我就和她开玩笑说："万一上台的时候跌倒了，你就被大家记住了啊，那你就成功了。"

其实她不知道，那天我和她一样紧张。

我一直都有一个梦想，梦想有一天台下的观众不是社团拉来的，不是书店找来凑数的，而真的是为我而来的。

我希望有一天，我可以面对一个 500 人的舞台，或者 1000 人的舞台。

可当这一天真的来临，我其实挺害怕的。

那天台下的观众都是买票入场的，他们花了几百元进场听我们几个人分享，他们是会失望，还是会有所收获？我能发挥得好吗？

因为演讲有非常严格的时长限制，所以我在家演练了很多次，包括如何配合 PPT 去讲包袱、说段子、拉互动，以及什么时间说经验、讲技巧。

我演练了足足 10 次，但有 3 次都超时了，我就留了一个心眼儿，在 PPT 上做了一个“暗号”，心想，万一讲到这里时间到了，就直接在这里结尾好了。

我做了万全的准备，结果邻三月在我旁边喊紧张，让我也不由得担心起自己来。

开场秋叶大叔的分享是掌声雷动的，我内心真的是接近崩溃，觉得自己要完蛋了。最后我硬着头皮上场前，再一次拿出自己的“不紧张大法”——深呼吸，自我肯定，上台前三句不出错的打招呼，鞠躬要掌声，然后抬起头。当我看到台下一张张真挚的脸，那一刻我有一种自豪感，就仿佛头顶上有一片荣光，我觉得自己被加持了，被上天肯定了，仿佛有个声音传来，说：“恭喜你，你做到了。”

从那一刻开始，我觉得自己又不一样了。

前几天邻三月传来了好消息，她去了海峰老师 DISC 两天的包班课程，那是只为老学员提供的福利，两天都是她一个人讲。

是的，这个一年前上台还在哆嗦、担心摔倒的姑娘，现在变成了一个可以上两天大课的培训师，不知道她经历了什么样的磨炼才迅速成长至此的。

“我们都比自己想象的要强大。”抱着这样的信念，你会遇到不同的朋友，或许会告别曾经的圈子，进入新的领域。你在练习再练习、积累再积累的过程中，或许忽然会有那么一个时刻，自己为自己加冕，你会觉得从里到外变得不一样了。

以前我做图书的活动，在现场做分享，通常把自己放得很低：我觉得自己特别没有价值，我觉得大家来看我，真的是太给我面子了，我真的恨不得跪下来感谢。

经过了这 200 场分享，当我站在知识 IP 的舞台上，当我也可以和那些大咖坐在一起的时候，我渐渐在内心找到了自己的价值，包括我的经验、我的总结、我的进步、我走的每一步。

我的价值，就是我一直都在努力地朝前走。

我的价值，就是有一天我终于不用再关注别人出书，对比销量的落差而暗自神伤，而是我能看得到自己的努力，看得到自己成长的轨迹。

我的价值，是有一天我终于敢对自己说：你的分享是有意义的，值得被听到。

我尽管笨，尽管辛苦，尽管缓慢，但我都走过来了，也走上去了，我真喜欢这样的自己。

/ 演讲改变我的不仅仅是自信，更多的是思维 /

自从越来越多的机构找我做分享之后，对我来说最大的改变是：抓重点的能力变强了，逻辑思维变好了。

在出书之前，我一直都觉得，做一个会演讲的人，做一个会写作的人，都是特别难的事情。或者说，那些都是别人的事情，我大概一辈子都做不到，也做不好，最多就是当个业余爱好者。但等我接触了写作和演讲之后，我才发现，这些其实是最基本的，也是职场里最容易提升自我的两个技能。

我之前单纯地把写作理解成写小说，觉得会写作的人必须有文采。自从微信公众号文章开始普及，自从大家越来越习惯看干货文章后，结构性强的报告体文章受到了很多人的追捧，而换个角度来看，这种文体不就是我们要做的工作汇报的变种吗？

你发现了什么问题？

你是如何分析这个问题的？

你的解决方案和依据是什么？

你要如何落地执行？

把这个框架拆分出来，你会发现既然工作汇报可以这么写，微信公众号文章也可以这么写。

我是做品牌的，主管全集团所有项目的营销以及传播，每年在向老板提报年度方案的时候，很容易陷入单点作业，就是围绕一个落地活动去做包装。如果这个活动被否定了，感觉整个报告就废掉了。

在尝试了干货写作之后，我的思路逐渐变得清晰。如果要解决问题，你要先发现问题，而且最好是在提报的开头部分就给老板提出问题。这种沟通能力以及临场应变能力，很大一部分就是来自演讲。

演讲能力，放在工作当中就是工作的汇报能力。

在我还是品牌经理的时候，每当工作汇报被否定，我都觉得那是老板的错，因为她根本不听我讲完方案。我心想，你不知道我这个方案多有趣，你要这么做，你会收到前所未有的效果。

我后来才明白，如果一开始方向就不对，你做得越多，很可能错得越离谱。

努力，要在对的方向上努力，这样成果才能翻倍。

对老板来说，如果你不清楚他急需解决的问题，你诊断不出他的目的，你只是想凭借小技巧，甚至是夸大效果这种方式去忽悠他，那是不可能的。

每个老板都不傻，他们会直接抛开表象，看到问题的本质。“你的方法都好，但目前不是我需要的；你不知道目前我们要解决什么问题。”我曾经有好几个报告被老板这么评价过。

以前我在乙方公司的时候，听到甲方说这样的话，我会觉得他们不识货。后来我在甲方公司，上司如果说这样的话，我会觉得上司太主观了，不能打开自己的格局。

这种反复被否定的过程，我大概经历了 5 年时间。在这期间，我一直徘徊在执行层负责落实事情，而不是在发现问题提供方案的层面，所以我一直没办法得到晋升。

演讲以及去香港大学的学习，让我逐渐找到了问题的主干。

的确，眼花缭乱的解决方案，会让写方案的人自嗨，他们希望凭借这种方式也点燃老板。但往往老板会比他们清楚，这不是对症下药。

换句话说，一个不合格的医生去给人诊病，病人明明知道自己是牙疼，但医生一个劲儿向对方推销治疗脚气的药，换了谁，大概都会发火吧！

我的每一场演讲和线上分享都会有一个环节叫互动提问。一开始的时候，很多五花八门的问题令我措手不及，但后来遇到得多了，就渐渐把我临场应对的能力激发出来了。

其实每一个提问，对我来说，就是一场即兴演讲。

用最短的时间去重复并总结这个问题，找到我认为的切入点，按照观点、诊断、方法这样一个逻辑顺序去解答，最后收获掌声的时候，内心的成就感也会达到顶峰。

我的一部分逻辑思维是从实践当中获得的，或许有的小伙伴没那么多试错的机会，那要如何去培养自己的逻辑感呢？

日本作家赤羽雄二在他的书《零秒思考》中介绍过一个方法，就是将 A4 纸横放，第一行写上问题，下面写 4 ~ 6 行你对这个问题的解答，一分钟内写完。利用这个方法，可以训练自己拆解问题的能力，这个方法我至今都在用。

据说这个方法训练 3 周以上就会见到效果。我比较笨，用了差不多半年时间，又在演讲的基础上练习才算是找到了窍门。

每次在现场遇到有人提问，对我来说都是一个不小的挑战。我会通过聆听迅速抓住对方的核心要点，围绕要点展开一分钟或者两分钟的演讲，紧扣主题，给出方法，影响他人。如果这个领域并不是自己熟悉的，就要平层联动，调用原理，给到对方可参考的答案。从一个提问出发，抓重点，使用总分总的结构，或者是一二三层级递进的方式，有逻辑地阐述。

演讲还教会我一点，就是道理和故事结合，理论和案例并行。

全是道理的演讲会让人困顿，就好像说教一样枯燥。但如果全是故事，大家哈哈大笑，听完又觉得没剩下什么。所以，如何把道理和故事完美糅合在一起，这其实是需要经验的。

在工作中，有时候我们给上司的提报也是如此。总是给结论，说一些你认为对的话，很容易遭到反驳，尝试在结论背后给一些论据支撑，多举一些例子，以点带面，就会迅速和老板的思路达成一致。

多样的表达形式，其实锻炼的是应对能力。

过去我向领导汇报工作特别爱说前因后果，虽然领导不说，但是我能明显感觉到他脸上的神情是无法专注的，而且我都觉得自己的汇报很啰唆。

老板也好，观众也罢，他们都是人。只要是人，看事情就会带有自己的判断和倾向。尝试找到对方的思维脉络，变换自己的沟通方式，才会一击即中。

当我掌握了这个要领之后，升职加薪的机会也就接踵而至了。

在演讲的前期我偏重于故事型的分享，主要是讲述自己在职场里遇到的一些人和事，然后在结尾的时候提炼道理。

后来经历了一系列的读者提问的锻炼，还有我对演讲的思考的深入，我发现如果故事太长，观众没多久就会精力不集中，打哈欠、看手机，就像听我汇报的领导一样。一旦看到听众出现了这种情况，我会更着急地把故事说完，就导致最后出现的那个道理反响平平。

后来，我把结果先说出来，然后采用吊胃口的方式，让大家听下去，这一招果然奏效。

我还把这个招数用在了新员工培训上。

身为公司品牌负责人，我需要给入职的新员工做公司发展历程和品牌的宣导，但很多时候大家都缺乏兴趣。于是我就在 PPT 里加入一些设问句，比如为什么老板几十年如一日地关注中式建筑？说到企业给了员工哪些机会，我自己就是一个活生生的例子，从入职到现在薪水翻了 10 倍，你们想不想知道涨薪水的秘密？这些我会在后半部分说到。

先抛出结论，再带着线索去讲故事，受众的注意力也就集中了。

由此我也调整了自己汇报的方式，先给领导结论，再说理由，再举例子，这样任何一个阶段，如果上司有事情要去忙，我都能按照不同的时长给出不同的汇报层级。

给我一分钟，我就只说结论；给我三分钟，我就会说，原因有三点；给我五分钟，我就会补充一个例子，或者是同类型的案例。

训练自己的逻辑能力其实是一个循序渐进的过程，如果 A4 纸的逻辑训练方法暂时还没让你见到效果的话，不妨使用一个我在演讲互动时常用的歪招：凡事都逼自己说三点。

没有三点内容的就硬凑，超过三点的，之后再补充。

这种强硬逼迫的方式，会让你的演讲在短期内听起来比较有逻辑。比如和领导开例会，你可以说："关于上个月的工作，我重点做了三个方面的总结……"

罗马不是一天建成的，逻辑性也不是。希望大家都能先从三点内容出发，有逻辑，别忘记。

/ 清零自己，在头马学演讲 /

虽然做了那么久的分享式演讲，但我还是演讲学校里的小学生，对于演讲的要求以及标准，只有模糊的认知。

因为心里一直都有学习演讲的想法，因此当我得知一位学弟常去一家头马演讲俱乐部的时候，我就缠着他带我去。

学弟非常不解地问：“你都是在外面做过演讲的人，你去干吗？是要给别人秀技术吗？”

他的这句话提醒了我，于是在去头马演讲俱乐部之前，我做了两个决定。

第一个决定是，我在这个俱乐部不使用“小川叔”这个名字。一来我是怕碰到读者，他们可能会对我产生一些既定印象，如果我没有发挥好，可能会因为羞愧最后不敢来了；二来我要清零和清空自己。既然想要好好学习，就要先把自己原有的一些内容倒掉，不带任何成见地去学习，才有可能学到东西。

第二个决定是，既然我打算来这里学习，那就不能放任自己懒惰和怯懦，所以我要求自己每次上课都尽量坐在第一排，每一次活动都要积极地举手参加，争取上台发言的机会。

2018 年 7 月 31 日，那是一个平凡的周二下午，我终于鼓起勇气走入了双井乐成中心这家头马演讲俱乐部。从此以后，我每周二都会来，从未缺勤过。每次我都坐在前排的位置，即兴环节里一定会举手发言。

渐渐地，我被人记住，被大家鼓励，我逐渐找到了演讲的方法，我甚至开始上台分享如何做一个两分钟的即兴演讲。

我至今都记得第一次上台时的情景。当天的主题是“星座传奇”，主持人让我在 12 个星座里选一个，我选了自己的星座——巨蟹座。我曾经的一位领导也是巨蟹座，我开始吐槽这个星座的缺点，可故事还没说痛快，时间官就提示我时间还剩 30 秒了。于是，我赶紧把话头收回来，做一下结尾发言。下台之后，我的心脏还在狂跳，最大的感受不是自己讲得好不好，而是两分钟的时间也太短了吧？我感觉自己还啥也没讲呢！

那次我拿了即兴演讲最佳奖。我觉得自己说的还不是很好，当时心想，这肯定是他们俱乐部在鼓励新人，我希望下一次可以说得更好。

从那之后到现在，我在头马演讲俱乐部里一共拿了 27 张奖状，包括小区比赛和中区比赛。

如果你现在问我哪一次状态最好，我可能还是会回答“下一次”。

在头马演讲俱乐部这半年多的时间里，我从最开始对舞台有着强烈的敬畏心，希望自己表现得特别好，到如今可以接纳自己的紧张、失误，甚至是失败。

我学会了如何去享受这个舞台，找到了对这个舞台的亲近感。

我在这里还学会了注意自己的哼哈词，尽量减少演讲里的口头语，或者不必要的“这个”“那个”“哼哈”等词语。由此带来的职业病，以至于有段时间坐出租车，听到车里的电台广播，我都会不自觉地数这个嘉宾用了多少个“然后”。

在没有来头马演讲俱乐部之前，我还自认为有一些演讲基础，上台演讲的时候应该不至于太弱。后来才发现，头马演讲俱乐部每次举办活动都会有语法官、时间官和哼哈官，他们就好像身边的监督员。你看似流畅的表达，他们会分别告诉你，你在此过程中用了多少修辞手法，你的用时情况以及时间分配上的问题，此外就是一共出现了多少个哼哈词。

这些小的调整和校对，会让我逐渐修正自己的小问题。

目前对我来说，最大的改变就是，我演讲的意识变得更集中也更有逻辑性。

不论是即兴演讲，还是有准备的备稿演讲，时间的有限决定了字数的有限。我记得我第一次上台做备稿演讲，听说演讲时间最多 6 分 30 秒，那时一分钟是 160 ～ 180 字，我怎么推算稿子都会超字数，但还是硬着头皮先去写稿，然后从 2500 字开始逐一删减。在删减的过程里我不断问自己，这个故事还可以概括吗？删减后的这些字是否围绕着主题？是否观点突出了？

坦白说，在这之前我从来没觉得在一个演讲稿里，精练是这么必要，每一步的起承转合都需要精准到位。这个训练让我逐渐学会尽量少说废话，先建立逻辑才有表达。

经过演讲培训之后，我养成的最大习惯是在和别人沟通的时候，先说结论，再把后面的步骤或者建议分成三点内容，最后在发言结束的时候还会做一个小结。

能力的提升带来的是欣喜，同时还有人脉。

在每一个群体里，有才华的人都会被人看到。同时，没那么有才华，但是很努力的人也会被人看到。

我自认为没什么天赋，甚至接受东西都要比别人慢，好在我的优势就是肯踏踏实实去钻研。每次做听众的时候，我都会默默地在头脑里演练，如果是自己去讲这个题目，我会怎么去设置内容，这个演讲者有什么地方是值得我借鉴的。

就这样，我一步一步从一个演讲的“小白”，渐渐变成了一个敢说话，而且说话有条理的人。我从一个害怕别人的赞美，总觉得自己不够好的自卑型演讲者，一点一点地被人肯定，渐渐找到了自己的演讲自信。分享给我带来了更多的朋友，让我认识了一些水平更高的人。

当然，这个过程也不是一帆风顺的。有段时间我倍感压力，总觉得自己到了一个瓶颈期，甚至有点害怕这个舞台，因为我总是希望自己呈现更多不一样的东西给别人。

我是一个比较苛求完美的人，所以每次演讲，我都要准备充分，往往一个 7 分钟的稿子，我会修改三五次，练习近 100 遍。可是我练习的次数越多，内心越觉得恐慌，我害怕犯错、害怕失误，甚至害怕别人说我套路太多。

这个心结，很久之后我才找到答案，这个过程我会在下一篇文章里说一说。

演讲教会我最重要的一点，是欣赏他人。

在头马演讲俱乐部的舞台上，每个人都有机会去点评别人的演讲。大家点评的时候，一般是以激励为主；不过对于我这个天生的“吐槽小能手”，我很容易只看到别人的问题，看不到别人的长处。

我开始特别怕点评别人，尤其是对方演讲得很糟糕的时候，我还要强行赞美，会觉得自己说得言不由衷。

后来，我发现头马演讲俱乐部里有几位点评高手，他们的点评不但精准到位，而且给的建议非常有用，我作为一个旁观者都被激励了。这时候我才突然意识到，演讲的舞台并不是秀场，你不是演员，你要做的是影响，是传递，是站在对方可接受的角度去沟通。

当我想到这点的时候，突然有了一种茅塞顿开的感觉。我终于明白为什么我讲得战战兢兢，为什么我之前的演讲特别容易让观众走神，是因为我一直都在展示我自己，我并没有看到观众的需求，我更多的是像一个老师，把 PPT 讲完。

如何让你说的话被对方接受，这取决于你是否会欣赏对方。想要做到这一点，就需要你先平复自己的情绪，然后客观看待这个人，从对方的言谈话语、行为动作里找到他的优点，再从对方可改进的地方，按照优先级做一个排序，给他一些容易做到的改进建议。

都说察觉是最好的学习起点，当我察觉到自己的问题，学习就不是难事了。

成年人的学习，最好的方式是模仿，既然身边有做点评的高手，那就直接从高手开始研究。

在这里，我运用了自己之前看书以及做自媒体总结出来的方法——拆解。

万事万物都可以被分解，当一个有机整体看起来特别好的时候，我除了欣赏它的好，就是要拆解它，搞清楚它到底哪里好。

我喜欢头马演讲俱乐部主席的点评风格，拆解之后发现她每次都善用框架式的方式，别人还在说感受的时候，她已经把对方的演讲按照开头、结尾、观点三个方面进行了归纳总结。

头马演讲俱乐部另外一位幽默小王子自带笑点，我发现他擅长利用反转和故事去烘托现场的氛围。

演讲让我把之前在知识管理课程里学到的内容都用了起来，我渐渐不再把演讲当作一个展示的舞台，而是当作一个沟通的舞台，一个台上台下互相关注的舞台。我说什么话可以吸引到对方？我要做什么样的动作可以唤醒对方而不让他们溜号？渐渐地，我不再只会背稿子，更会把动作、语气和节奏融入演讲内容中。

突然有一个声音提醒我：这不就是给老板做提报吗?

用声音的高低和快慢提示对方你的重点是什么，用眼神观察对方此刻是否在意，以此判断你要在什么地方说慢些，在什么地方说快些。在推出主题的时候，你要如何去阐述？在说明方法的时候，你是否还有内容可以去论述?

原本我只是把演讲当作一次自我提升的机会，从没想过演讲能给自己带来这么大的收获。

/ 凭借这个技巧，我获得了头马小组赛冠军 /

加入头马演讲俱乐部三个月后，我在俱乐部的小区赛上拿到了第一名。我来和大家说说，我是怎么拿到第一名的。

上台比赛那天，是我第八次去头马演讲俱乐部，没想到吧？给你看看我这几个月是怎么过来的：

第一次：第一个举手发言，回来总结自己的问题，圈定下次即兴演讲的目标。

第二次：依旧是抢第一个举手发言，完成最开始的目标，之后看回放录像，总结自己的问题。

第三次：申请做语法官，因为发言的时间最长，提前把语法分成三种类型，归类总结。

第四次：时间官有事来不了，我就顶替了时间官的位置，上场前按照绿卡、黄卡、红卡的顺序，编了一个顺口溜给大家加深记忆。

第五次：本来打算清空自己，但万万没想到题目居然是“网红”。身为一个“网红”怎么能不嘚瑟一下呢？于是又下场了。

第六次：挑战即兴环节主持人，采用的是情绪加故事的手法，把握手礼当作一次传递，从下一个环节的选手里找到自己的模仿对象。

第七次：正式成为头马演讲俱乐部会员，缴纳费用，马不停蹄地挑战第一个环节，开始备稿演讲之路。第一次做 6 分 30 秒的演讲，排练 50 次，依旧紧张，完成之后写了自己的复盘之路。

第八次：参赛，第三个上场，因为周末两天都是培训课无法排练，只是提前把稿子改好了，优化了上一次演讲环节里的问题，重新梳理了节奏。晚上登台，获得小组赛冠军。

我不知道是不是我已经是个成年人的缘故，所以很喜欢给自己设定目标。

对我来说，有目标，就会有收获和结果。任何领域，机会都是有限的，没有目标，根本不会有去争取机会的支撑点。

你要学会设定步骤和进行察觉，想一想自己这次的问题出现在哪里，下次要如何调整。成年人之所以成长困难，很大一部分原因是输入不够，还有一部分原因是消化不良，知识没有被充分地吸收，而只是模式的简单重复。

如果你给自己定的目标就是看书和写读书笔记，或者把读书笔记写成思维导图，结果可能收效甚微。你读 100 本书和读 10 本书，只是数字的差别而已。

你要不断给自己设定不同阶段的目标，比如，我之前都是用总结的方法写笔记，这次我可以使用框架的方式写吗？总分总的方式呢，我可以用这种方式来读书吗？我可不可以不从头读，我跳读可以吗？从目录判断重要章节，并且从这里猜测其他章节的内容，用速读来确认自己的判断是否正确。在这本书里，花 30 分钟圈出里面的观点和可延伸领域，这个我可以做得到吗？

你不给自己制定目标，就是在平层打转。

别做成长里拉磨的驴子，自己假装忙活得够呛，但其实就是在绕着一个点转圈。

成长的上升挺难的，但如果第一步察觉都做不到，后面就没办法做出计划。而察觉往往来自多给自己一些提问，一些方向，一些可能性。

如果你仔细看我去头马演讲俱乐部参加的 8 次培训，就会看到我在每一次培训中都给自己设置了“成长任务”。每次我都提醒自己，这一次你为什么而来，你打算解决什么问题，这才是成长的重点。

除了设定步骤和进行察觉，我还想和大家说的是“投机取巧式”的刻意练习。

刻意练习其实没有错，但是在前面我说了，别做原地拉磨的驴子。

为了参赛，我给自己设定的流程是，先试讲一次，之后根据现场反馈打磨稿子，修改稿子，再把试讲的稿子当作比赛稿。

这种参赛型的限时演讲最致命的关键点只有两个：时间和题材。

超时，就失去了比赛资格；题材，这是写作范畴的事，可以翻看我关于写作部分的总结。

作为一个话痨型的人，我从不知道演讲只有 6 分 30 秒够讲什么。那怎么办？我要先做一轮测试，看看自己一分钟可以说多少字。确定了自己一分钟说的字数之后，开始尝试压缩稿件，并且让其他小伙伴给我提意见，一起帮我参谋。

之后就是调整内容的顺序和逻辑。

最后就是痛苦的练习。

先按照 6 分钟一次的速度快速阅读，10 次之后我尝试脱稿，发现有问题的地方，加入嵌入记忆点的链接词，再练习 10 遍开始做分板块练习。

为什么要分板块？因为我的业余时间有限，如果 6 分钟演讲，做 10 次就是一小时，一晚上最多抽出两个小时来练习。

对演讲而言，开头一定最容易，因为练习次数最多，那练习次数最少的很可能是结尾，以及自己最容易卡壳忘词的部分，找出这些内容，重复练习。

我把我的演讲词按照行数，画出时间线，用练习反复去校对，最后能够顺利地在 6 分 30 秒内说完内容的结尾。

除此之外想要把控时间，还需要给自己设置一个里程碑，也就是现场计时器的第一张提示卡——绿卡。

绿卡举起来代表你还有两分钟的时间，所以我要在出现第一张卡片的时候，找到自己的演讲词对应的节点。如果时间刚好吻合，那完成后面的稿子就有十足的把握了；如果时间不吻合，那后面就要加速了。

第一次试讲的时候，我紧张得心脏都快跳出体外了，我尽量让自己充分体验这种情绪，并且予以接纳，这会让我在第二次演讲的时候心态更平和。

第二次登台，比赛的时间要比原来试讲的时候多一分钟，变成了 7 分 30 秒。常规来说，一分钟是 120 ~ 140 字，那我要利用这一分钟吗？我需要在原来的稿子上增加 100 多字吗？我犹豫了好久，最后决定大刀阔斧地改掉原来的稿子，保留原来的框架，重写开头和结尾。

因为是参赛，为了保险起见，我给自己设置了两个结尾，万一超时，就讲到第一个结尾处停止，至少还会保留参赛资格。

因为这个稿子已经练习过 50 次，后续练习的时候，重点练习新增部分的逻辑和语感。

演讲现场最怕的是忘词，而忘词的理由往往是找不到上下文的联系。那么，怎样才能让上下文出现联系呢？我的做法是，加入重复性的提示词。

比如，我的演讲词有一段是这样的：

这句话就像一记鞭子，狠狠地把我打醒。我来北京不是为了苦哈哈地存钱，我是为了找到机会证明自己能行。

我利用自己学过设计的机会，一个人身兼文字编辑和排版设计两个职位留在了那家公司。

我开始有意识地调整自己接兼职工作的领域，人物采访、电视编剧、当作家的枪手，每个领域我都努力地去争取。我交稿快，质量好，价格便宜。我知道，不论是全职还是兼职，只要我还是“小白”，我就只能凭借低价格和高性价比才能换来机会。

这个空行之间非常容易卡住，因为上下文没有太多联系，每次讲到这里我都想不起下文是什么。

所以，后来我琢磨了一下，决定加入一个链接句子，于是它变成了这样：

这句话就像一记鞭子，狠狠地把我打醒。我来北京不是为了苦哈哈地存钱，我是为了找到机会证明自己能行。

可是机会在哪儿？机会就在我自己手里。

我利用自己学过设计的机会，一个人身兼文字编辑和排版设计两个职位留在了那家公司。

我利用自己接兼职工作的机会，积极拓展领域和人脉，人物采访、电视编剧、当作家的枪手，这些我都做过。我交稿快，质量好，价格便宜。我知道，不论是全职还是兼职，只要我还是“小白”，我就只能凭借低价格和高性价比才能换来机会。

“机会”这个词就是上下文的记忆点。我增加了一句话，还把下面两个例子也都做了相应的调整，那么“机会”这个关键词就可以从头贯穿下来，这样忘词的风险就很低了。

看到这儿，估计一些爱演讲的小伙伴会一拍大腿说，川叔，你这招太棒了，我怎么就没想到。其实，我也没想到，如果没去练习的话。

当然，可能你还会说，我也想练习啊！但我真的很忙，没有时间把完整的演讲词一次练习下来。

是的，这次我在训练的时候也遇到了这种情况，所以我就把演讲词拆成一分钟一分钟的形式。坐电梯、坐车，一分钟的时间总是有的。把两个一分钟合并在一起，就是一个跨越的段落。

想不起来词，就琢磨一下是否有什么解决办法，于是一个办法接着一个办法就出现了。

我们每个人每天可拿出的时间几乎是一样的，别总对自己说，平凡是一种罪。其实大家的智商、体力，甚至解决问题的能力，都差不多。

那为什么结果会大相径庭呢？

到底是从什么时候开始变得不一样了呢？

演讲这件事，说大也大，说小也小。

你怎么对待演讲，或许你就会怎么对待这一生。

/ 第四章 /

写作输出：
写作带来的第二次人生

我的第二次人生，可以说是从出书开始。3 本书不仅总结了我的前半生，而且在出书的过程中让我逐渐看清楚了一些东西，伴随我完成了自己的小成熟。我除了在人生上做了思考，在出书上也做了总结。

/ 写作没那么难，也没那么容易 /

常听到有人说写作很难，我一直都觉得写作挺容易的，不知道是不是和我读小学时作文比较好有关。

写作，和说话一样，只是一个基本技能。

以前我一直认为，大家经历过高考，写作的水平应该都差不多呀！直到某一次一个在外企做高管的网友，说自己在网站上写了一篇文章，希望我给点评一下。我打开看完，觉得很头疼。

真的可以用乱七八糟来形容。我当时也是没有经验，就直接说："你就把它当作你的工作报告，或者早年我们写的议论文，你的论点是什么？论据是什么？你的所有写作过程，其实就是你论证的过程。我觉得你这篇文章的逻辑太乱了，不，是根本没有逻辑。"

这句话点燃了对方的情绪，她骂了我足足 10 分钟，然后把我拉黑了。

从那之后我就很少帮人点评稿子。因为每个人都有各自认知的逻辑，尤其是当对方自认为写得很好，而我既看不懂，又提了一些对方不认可的意见时，点评最后就会变成吵架。

关于写作，我在之前出版过的书里分享过自己的写作方法：我是用电子表格写作的人。

所谓用电子表格写作，就是使用电子表格最简单的计算方法和框架。图书都分章节，励志书大概 12 万字，一般会分 5 章，那就用 12 万字除以 5，得出每章的总字数。再看一下自己文章的长度，一般是 3500 字，这样再除一下，得出一章需要 7 ~ 8 篇文章。

在电子表格里分出 5 列代表 5 章，给每章起一个关键词；把自己已经写过的文章，按照章的关键词放进去，每一行写上文章标题；后面再增加一列，写上字数。这样，你就得到了一个最基本的电子表格写作模板。

接下来就是很简单的填空题，给大家看一下我最初为这本书列的写作表格。

《穷忙，是你不懂梳理人生》写作表格

	我出书的这两年		关于演讲		我的自由之路		当总监的这几年		写在40岁这一天		
1	大部分的成功都源于机会	2275	最初对我来说，演讲是出书的赠品	6070	再学习不仅仅是镀金	3925	我是怎么当上总监的	7584	朋友都说我变了	3629	
2	所谓的定位，是被逼出来的	6114	从“鸡汤狗”到“知识IP”，我用了200场分享	3373	让自己闪亮，别怕这个闪亮	3794	你并不知道的高薪工作的背后	3398	40岁是一个失去的开始	2733	
3	你只有独一无二才能生存	4705	演讲改变我的不仅仅是自信，更多的是思维	2291	知识网红心经	2058	如何应对不可思议的老板的任务	7912	亲情的边界线	3842	
4	写作没那么难，也没那么容易	3523	清零自己，从头马再出发：最快速的成长之路	3400	结交人脉这件事	3129	从沙和尚向唐僧的晋级	7474	40岁生日那天我去参加了《奇葩说》	1947	
5	图书是商品，作者是商品的一部分	2571	凭借这个技巧，我获得了头马小组赛冠军	4370					主持完年会的第二天我被辞退了	3308	
6	成名其实是一场修行	3386			别担心，你害怕的未来，迟早会来	2000	职场哪有真小人	4707	辞职后的33天	2402	
7	有些圈子，放弃也没什么不好	2691	如何准备一场演讲	4870	200小时职场咨询，我总结了这三点	3328	做总监的这3年，我留给你30句话	3362	赚钱的工作和意义	2362	
8	找到写下去的理由，才是一个合格的写作者	2103	谢谢你能来	2237					未来的某一天开个鸡汤小馆	2883	
		27368		27311		18234		34437		23106	130456
	差距	-2368		-2311		+6766		-9437		+1894	-5456
	目标	25000		25000		25000		25000		25000	125000
	5章，40个故事，献给40岁的自己										

有颜色的部分代表已经完成，后面的字数都是真实的数字；没有颜色的标题，代表还没开始写，但已经有了灵感，后面的字数是估算的；空白的部分代表还没有写，暂时也没有灵感，之后需要添加新文章。

此外，我做了目标字数和现在完成字数的对比，这样我就知道要在剩下的多长时间内写完多少字。

是不是挺简单的？

这其实是最简单的计划和自我管理的逻辑，先盘点你有什么，然后建立最初的框架系统，把它们分成关键词化的小块任务，最后用表格把小块任务分解成单体任务。

这样思考的时候就会把问题聚焦起来。比如我觉得演讲的部分缺了一篇文章，我写过哪些演讲类的文章，可以添加进来吗？我还打算写什么方面的？还有什么是我没写的？

这样既有利于自己定向思考，又非常有利于定期完成任务。

我一直觉得这种方法很简单，大家也可以使用思维导图之类的工具来做。是什么工具不重要，重要的是，容易保存、可视化，并且自己用着顺手就好。

规划这件事，是需要自我训练的。

我在出书之前，在网络和各大报刊上写的东西加起来有几十万字。那时候，我认为写作是一种天分，比如我会用各种描写手法，为了一句贴切的描写或者让人惊叹的用词去写文章，目的只是卖弄自己的文采，最后依靠灵感的降临来完成文章。直到后来有一次我马失前蹄，灵感之神没有出现，毫无思路，硬憋也写不出稿子的时候，被编辑责怪，差点丢了时尚杂志采访的职位，这才惊觉：其实写作不能仅靠灵光乍现，它其实是一个系统化的工程。

写作的本质，其实就是表达。

在你提笔之前的那一刻，你就应该知道，你要去哪里。

过去老师常说，文章要有中心思想，其实就是这个意思。

你看了这本书，它是好，还是不好？如果你觉得它不好，是哪里不好？列出它不好的地方，写出一二三，最后总结说它不好。

这就是一篇条理清晰的文章。

现在有很多发表文章的平台，很多写作者敲字之前其实内心空无一物，导致网络上有大量不成熟的作品。

我自己也有这样的时候。遇到这种情况我会选择不写，停下来先想想标题。一般来说，标题很可能就是一篇文章的主旨。

然后再想想，标题要怎么拆解？我要写几部分？这几部分和标题有关吗？

无关的内容如果我特别想写，可以另起一个标题，放到那里。

围绕一个核心点去写，在展开的时候就不至于跑偏。

所以写作对我来说，逻辑其实是大于修辞手法的。文章的框架可以用打腹稿或者思维导图，甚至是关键词的方式来简单罗列。

一本书按照这个逻辑推演，其实就是一个表格。

一本书是由几章构成的，每章又是由数篇文章构成的。给每章找一个核心的关键词，每章下的文章要求和这个关键词有关，这样写出来的书就有结构紧凑、浑然一体的感觉。

尝试给每篇文章起个名字，或者是一句话的描述。

比如，这一章写的是我大学毕业后的第一年，但是这个主题太大了，能不能缩小一些？那一年我经历了什么？毕业，面试，各种失败？

那就写写毕业后第一年我在职场上的各种失败，它们可能有外界的，也有心理上的；有找工作上的，也有和家人发生的。

定了一个范围，然后尝试在头脑里模拟这些故事，以及它们的排布顺序，要先说哪段后说哪段，读者才能看得懂。最后，细化每个故事。

你看到的这本书，我最开始分成了 5 章，每章 8 个故事，刚好 40 个故事，40 岁是我的年纪。我先画了这样的框架，再尝试做填空题，把自己头脑里能想到的东西填进去，如果暂时想不到那么多，就先空着。

之后吃饭的时候想想，睡觉之前想想，搞不好哪个时刻就能想到一件事，可以填到某章里去。

把能写的故事先写了，再慢慢修改。当你写了 3 万字左右的时候，一本书的样子也就基本有了。

写书其实是一个体力活儿，因为整个过程就是搭好框架，一边写好单个故事，一边想着完善框架。

也有人说，写书不容易，因为要写好了挺难的。

我至今也不敢说自己是这方面的行家，不过写得多了，免不了有一些经验。

人们乐意看条理清晰的书，更乐意看论文式的微信文章，最好作者能直接帮读者做提炼。这是人们阅读习惯的改变，身为写作者，要不要迎合这个需求则是个人的选择。

希望一篇文章给读过的人留下点什么，最重要的是场景化和共情。

人们会被一些金句点醒，但其实金句的作用是有限的。

我从写作初期就特别喜欢一个作者，她就是三毛。她平淡的文字风格影响了我很久，她早年写过一篇文章《不死鸟》，我至今都印象深刻。

文章里写到她当时在给荷西包饺子。荷西一边看着书，一边问她："如果你只有三个月的寿命，你会做什么？"三毛正在揉面，她用沾了白面的手摸了摸他的头说："傻瓜，我怎么会死呢，我还要给你包饺子呢！"

就是这样一个场景，我记了差不多 30 年。

当我成为写作者后，一直都在尝试自我总结写作技巧。其实，写作最大的技巧就像画漫画一样，用文字描述画面，用场景还原画面。你可以通过气味、温度、颜色等介质，只要让描写的场景和读者过去的某个场景产生了联结，读者就容易念念不忘。

而在一个不容易被忘怀的场景下，不论文章中的人说什么话，哪怕是多么平凡的一句话，也都会被记住。

我以前是写情感故事的，所以自认为对煽情很有一套，但是我在出书之后，会刻意去掉一些煽情的技巧，尤其是心理描写以及排比句的运用。

过度使用修辞手法和心理描写虽然很容易勾人眼泪，但事后回忆起来，并不太容易产生记忆点。

最好的记忆点其实是场景，尤其是这个场景对读者来说似曾相识，那读者就会记很久。

三毛包饺子的那个场景，那沾满了白面的手，其实是我妈妈常做的动作，所以这个似曾相识的场景，配合那句“我怎么会死呢，我还要给你包饺子呢”，我才会一直念念不忘。

我在一些文章里也运用过这个方法。

案例一：当年我赚到第一笔一万元的时候，我把一万元取出来，一张一张铺在饭桌上，然后整个人趴在上面，想着原来一万元就是这么薄薄的一层啊，我现在也是万元户啦！

案例二：当年送别来北京混了一年不如意的同学，他要回老家，临走时问我：“北京有什么好，你留在这儿一辈子都买不上房，你在这儿到底是为了什么？”他的那句话仿佛在问我，又仿佛在问自己，最后他红着眼圈，进站的时候背对着我，举起一只手挥手示意，代表再见。

这些场景都是在我记忆里发生过的，我写的时候会用最平实的描写去还原，不用花哨的技巧，不用刻意描写，只要场景足够饱满，读者就会记得住。

除此之外，共情是我常用的。这个词最早我是从心理学小组里听来的，其实翻译成大白话就是：你的感受我懂。

一个写作者，首先应是一个分享者。把自己包裹严实地躲在幕后的写作者，或许会是一个很好的导师，但未必会让人产生感情。

这就像我们看小说会流泪，但是看一些干货书并不会哭一样。

每个写作者都不知道自己的读者曾经遭遇过什么，所以最容易接近读者的办法，就是先展示自己的经历。

读者看到你曾经和他经历过相似的事情，会自动产生代入感。

有句话是这样说的，看别人的电影流自己的眼泪。其实，就是这么一回事。

那是不是分享什么都能引发共鸣呢？我觉得这是需要技巧的。

寻找人性共通的地方，才具有震撼力。伤心、孤独、失恋、悲痛，职场上被人欺负，面对压力不知所措，第一次做错事害怕承担，第一次拿到年终奖泪流满面，第一次被辞退还要假装坚强……人性里所有和情感有关的部分都是软弱的。

爱玩花哨技巧的人会利用这些内容刻意煽情，觉得只要让人哭，自己就赢了。

对我而言，让人哭不是目的。如果我只是分享过去的心酸给他人，其实并没有什么意义。

每个人都有自己的故事，如果论不容易，每个人都能说上十天十夜。但这样的故事，并没有力量。

分享的意义是给他人传递信息，传递什么信息？传递自己当年在艰苦的日子里挺过来，传递自己在关键时刻的不放弃，传递在所有人不理解你的时候拥抱自己的那份心疼。

生活本来就很丧，没人会喜欢看一个更丧的故事，来假装自己很幸福。对我来说，我要传递的是一种力量，一种向上的力量，而不是负面的情绪。

以前，我一直介意别人叫我鸡汤作者，因为我总认为自己写的和他们写的不一样。

现在我不再去反驳了，因为我觉得，读过的人会懂的。

所谓的励志也好，正能量也罢，不是挺着腰喊口号地打鸡血。

在日常生活里，在被命运压倒后，还能挣扎着爬起来，找到向上的支点，这才是真的励志。

我不是什么名人大家，但我想做那个曾经被生活打垮，然后站起来笑给你看的人。

/ 我乐意做那个开口谈失败的人 /

在出书之前，我的人生谈不上一团糟，但至少没有太多的自信，也谈不上很快乐。那时候我正处在职场的瓶颈期，人生和职场都没有太多的规划，甚至一度我自己都不知道除了工作之外，我的人生还能有什么意义。

出书这件事让我体会到了人生的“微循环”。

我对“微循环”这个词的解释是，遇到机会后的出发，崛起后的慢爬坡，到达制高点后体会膨胀、欣喜和自信，之后感受逐渐下落，最后趋于平和，回到原点。

它就像一个小小的抛物线，很多事情都会走入这个规律。

看到规律容易，体会规律却犹如一场修行。

出书对我来说是一场意外，我在遭遇这场意外之后，和所有的普通人一样不可避免地遇到了这个规律。可能时至今日我去讲述的时候，能带有一种过来人的平和；但当时处在那个风暴中心，我也避免不了迷失方向，以致走错路，甚至是懊悔。

迄今为止我已经出了 3 本书，出书带来的最大收获是有了一批喜欢我的读者。

对比更多的专职作家，我的故事写得还不够好，文笔也谈不上多么绝妙，甚至很多时候会让读者觉得，这文字亲切得自己都能写。有时候我自己也不太知道，读者到底喜欢我什么。

从出版第一本书开始，我就开通了一个读者群。但我并不是一个很称职的管理员，大部分时间，群里都会保持安静，我也只是偶尔在里面发言。

对我来说，读者其实是一种浮动的幻想，就是……我很把他们当一回事儿，又不太敢把他们当一回事儿。

当一回事儿，是因为他们那些虚拟的 ID（身份标识号码）背后都是活生生的人，他们或许是因为某一个瞬间喜欢我，被感动，加入了进来，可是之后又会觉得无聊，受不了沉闷或是漫长的等待而离开。

不当一回事儿，是因为我很怕有人离开，或者有人对我表示失望，那其实让我很伤心。

我曾经是一名网络电台爱好者，用时下的称谓来说，曾经还是一名主播，至今做电台节目已经12年了，亲见过很多喜欢我的人来来去去。

所以，我始终有点悲观地认为：喜欢这件事，其实很短暂，人们喜欢的或许只是一时的你。

日后或许因为我的一通留言，一张照片，甚至是一句语音问候，都会让对方觉得不符合他们的想象，弃我而去。

我想，我的这种患得患失的心态，大概是源于我内心的某种自卑，总觉得自己不配被更多人所喜欢；还有就是我对感情的悲观主义态度，觉得但凡所有热烈的情感，在浓烈散尽的那天，才更悲伤。

此外，出书的过程逼着我做总结和规划。

前几天我在读者群里发了一通留言，有读者看到我在线，就问新书出版的情况，自然避免不了要回答一个问题：这本书你要写什么？

作为一个草根作者，我其实很不称职，很多时候都是想写什么就写什么，加上近几年出版市场调整，接纳程度变大了，人们的阅读习惯也从长文逐渐变成了短文，所以我这种没事儿写个一两篇的人，才有机会走到了台前。

我曾经在出版社做过 3 年编辑，知道写一本十几万字的书其实是很艰难的事儿，因此我从未想过有一天自己有能力闭关一个月就写成一本书。

我懂得一些写书的技巧和规则，但是这些东西你去指导作者或许可以，应用在自己身上的时候，总有些当局者迷的感觉。

如果你让我勉强为自己之前的 3 本书做总结的话，我是这样看待的：

《扛得住，世界就是你的》，这本书基本是我对 10 年职场生涯的一个小结，包括了我人生最重要的转折阶段的心情和体会；《替这个残酷世界给你的一记温柔耳光》，这是一本回信集，包括我从众多读者来信里挑选出即将毕业的同学要面临的问题，毕业 1 ～ 3 年的人要面对的心态调整，以及工作 5 年左右面临职场瓶颈期的一部分人的困惑，还有我对恋爱问题的一点看法；《努力，才配有未来》，这本书我重点突出了大学毕业时期我的个人选择、心路历程，以及如何平复焦虑、压力，甚至是选错了什么路，总结出了什么道理，还有一点我总结的方法。

书写得越多，自然就会越难写，因为意味着主题需要更细分，还要给读者不一样的新东西，每每想起这些我就觉得无比烦躁。

不过好在这次我的确是有准备的，所以面对那个读者的提问，我很坦然地回答说："这本书我想写写我出书之后人生发生的改变，以及停摆一年期间我的一些思考。"

听起来是不是像一个官方答案？呵呵，这些都是被逼的呀！

出书带给我的还有面对负面情绪时如何自我平复。

我不知道别的作者是什么体会，像我这种内心里有点小自卑的人，会特别欣喜自己写的东西能帮到别人，希望被他人需要和认可，会很享受被一众喜欢自己的人包围。也正是因为这样，才对吐槽我、对我不满意的声音格外敏感，虽然以前做电台的时候也经历过，但是被 8000 个人喜欢和被 80000 个人喜欢，你所遭遇的喜欢以及被指责的频次，都是不一样的。

我在第一本书上市的时候很焦虑，那时候几乎每天在刷豆瓣页面，看上面的评论。我甚至因为有位网友连书都没看就给我打了一颗星，非常火大地跑去问对方原因。对方把我拉黑无法留言，却在另外一个网友的页面下遇到，两个人吵得没完没了。当我知道他过去和我有过节，他其实是讨厌我本人，所以不论我出什么书他都可能会打一颗星，反而释然了不少。

对我来说，电台是一个偏小众的圈子，这里遇到的可能都是同样的爱好者，喜欢你的人会偏多；图书，是更大众一点的圈子，不论对方通过什么途径买到了这本书，他都有权利去表达他的喜欢或者不喜欢，而作者能做的，或许只能是接受。

这个道理虽然看似很浅显，但是经历过程的时候其实很痛苦。

大部分人或许都和我一样，总觉得自己这辈子就只能出一本书。自己写了大半年，很辛苦，你凭什么看都不看就说不喜欢？

读者带来的这些影响或许还只是一部分，出书还需要转换角色，去适应市场、编辑、出版社的要求，当这本书写完之后，它的很多因素其实作者未必能决定得了。

这也是我出了 3 本书之后，才慢慢体会到的。

一本书卖得好，是整个出版流水线上所有人一起努力的结果，虽然最后或许这个荣誉只被作者享受到。

凡事你都不可能只独享它好的一面，而拒绝它带来的麻烦和问题。

对我这样的普通人来说，出书这件事就好像一枚炸弹，它一瞬间让我的生活有点乱了套，不论是面对众多赞美的飘飘然，还是面对不满和指责的心灰意冷，它都强迫我要更宽容，或者更淡然地看待荣辱这件事。

此外，就是要承担他人的期待，从而好好去规划和思考自己的目标，也需要好好反思和总结自己的特长和短板。

我也曾经在“做自己”还是“做他人希望的自己”当中犹疑、徘徊过。

名利也好，赞美也罢，都很容易催生一个人的自信，而自信过了头，就容易变成自大和盲目。你会觉得自己无所不能，从而错判时机，也可能会在被市场打了几个无情的耳光之后，开始反思，自己到底错在什么地方。

我在出版第二本回信集的时候，因为第一本的反响很好，所以变得异常坚持，甚至是盲目自信。尽管很多出版社的前辈都劝我，一问一答的回信方式很少有卖得好的，但我一意孤行，最后导致这本书只是草草了事。

时至今日，虽然我回想起来不曾后悔，却觉得当年和编辑的沟通方式实在欠妥，那是自己获得一点点小名气后膨胀导致的。事实证明，在被打脸后才算是清醒了一点儿。

出了 3 本书，对我来说是经历了一段悲喜交集的人生，就像一个不谙世事的穷小子买彩票中了 500 万元，他开始是狂喜，之后是炫耀，在遇到亲戚、朋友纷纷来借钱之后，又陷入了苦恼和懊悔。他还试水投资，误以为好运气会一直在，直到失败后才明白，原来好运气只有一次，所有的投资和技术都要从头学起……

如今的我，就像那个穷小子，经历过很多事情后，心态慢慢趋于平和。

原谅我不曾想过这本书对你来说有什么意义，但这本书对我来说，是一段人生的缩影和总结。我们总爱说，在机会未来之前，要时刻准备着。可是没有一本书告诉我们，机会一旦来了，我们拼了命地抓住，然后一路狂奔，再往后呢？

成功的人，都会被人当作学习的榜样，但好像没有人告诉我们，他们曾在什么地方失败过。

我乐意做那个开口谈失败的人，虽然回望过去，我也会因为那些不堪而感到害羞，甚至不想提起，但如果这些失败的经历可以让那些得到机会、抓住机会的人，绕开一些坑或者弯路，或许就是它该有的价值和意义。

/ 出书，才没你想得那么简单 /

你想过要出一本书吗？

坦白说，我没想过。

我在北京换的第二份工作就是在出版社做编辑，最初是负责一本英文杂志的改版。嗯，我这么一个英语没过四级的人还给英语杂志做改版，听起来像个笑话。

那本杂志当时还挺有名的，叫作《英语沙龙》，类似英文版的《读者》或者《青年文摘》，因为看不懂内容，所以我只是调整封面、封底，以及基本的版式。

做了一段时间英文杂志改版工作之后，我就开始做图书策划工作。那时候青春小说正流行，所以各大出版社都希望搭乘这个顺风车。

不论什么行业都一样，只要这个行业有一个产品做好了，模仿者一定蜂拥而至，因为大家都想分这一块蛋糕。

我在出版社差不多待了两年，后来还去图书公司做了一年，前前后后经我手出版的书也有几十本。我当时其实对出版市场挺寒心的，总觉得没什么人读书，一些书也根本没有出版的必要，在我自己成了作者后，这个念头也依旧根深蒂固。

出书很辛苦，写书也不赚钱，有很长一段时间我都这么认为。

一转眼 10 年过去了，如今能看到一批 90 后作者，一批畅销书作家，动辄销量百万册，甚至还出了一个作家富豪排行榜……

可能是市场变了，也可能是人变了，人们出书的渠道似乎也越来越多，有了网站，有了自媒体，有了内容积累，好像谁都可以出一本书了。

有段时间大家会有一种错觉，好像出一本书挺容易的。

也有人跑来问我，要怎样才能出一本书。

如果你是玩票性质的，想跑到这个行业露个头，满足一下自己的心愿，那其实挺难的。

因为大部分抱着这种想法的人，在那之前其实都没有好好经营过自己，所以对他们来说，出书更多的是自我总结和纪念，这样的人如果不是名人，书卖好的概率不大。

虽说现在是一个互联网 + 的时代，自媒体饱和，内容泛滥，但要积累优质的内容，为自己积累前期的用户基础，有运气的成分，也与个人准备和运营有关。

我最开始是在豆瓣上写作，这不是我刻意选的一个平台，只是因为用着顺手就留在这儿了。出书之前，我已经在豆瓣上写了 7 年的爱情故事，做了 7 年的网络电台节目。直到 2013 年 11 月，我把之前在豆瓣上写的一篇名为《如果你是我的下属》的日记，贴在一个名为“找工作”的话题页里，一切才发生了天翻地覆的变化。

那篇文章本来是我打算为新入职的下属做培训的内容，因为怕忘记，所以大半夜睡不着时，就写在了手机记事本上。那篇文章内容虽然只有短短十几条，却没想到收到了 700 多条回复，2000 多个推荐，7000 多个喜欢。其实，这篇文章我 4 月份就发过豆瓣日记，只是当时阅读和回复都不多。可见，很多机会都是随机的，而遇到机会后要如何把握，则是需要运营和思考的。

豆瓣的编辑给我写私信说，希望我可以多写一些职场类的内容，发表在这个页面上，他会帮我做推荐。随后，开始陆续有网友给我发邮件，讲述他们遇到的职场困难。于是我一边写职场故事，一边回答网友的来信。大概两三个月之后，有图书编辑找到我，问我要不要出书。

如果你有出书的想法，那么找到一个平台，进行有主题性的输出是必要的。

虽然现在很多人都在做自媒体，但我还是希望想出书的朋友把自己的内容发布在一些交互性的网站上。因为这样会有更多的陌生网友看到，陌生人提的意见，编辑看中后帮你做的扩散和推荐，会迅速给予你一些自信和持续坚持下去的动力。

输出的主题性和多样性其实是很微妙的一件事。

当你积累了一定的写作时间，按照一个大主题进行持续输出之后，或许会遇到图书编辑找你，希望帮助你出版书。

这个机会的出现只是印证了你目前的方式是对的，现在的市场环境支持了你目前所在的这个领域的崛起。

接下来你就会迎来关于出书的第一个难题，选择。

关于“选择”这件事一般有两个阶段，一个是自我抉择，另一个是未来选择。

什么叫自我抉择呢？就是现在机会来到你面前了，你要不要出书？

很多人虽然内心里有过出书的想法，可真的面对机会，又会生出很多的疑惑和问题，比如，这个合同会不会有什么问题？我会因此被坑吗？我能在合同规定的时间内写完吗？编辑给的版税数字是合理的吗？

做事最忌讳的是一边担忧一边做，这样既不能全力以赴，又容易患得患失。

所谓选择，不是一半对一半的机会，就是百分之百的唯一。

因为你选了这个，就等于放弃了其他的任何可能。

很多人怕因为选择而失去，甚至很多人因此而焦虑，因此去询问很多前辈，希望找到一个不会错的，或者胜算机会最大的选择。

每次有新人作者来问我签约的事情，我会先问："除了这家，你还有别的可以选吗？你觉得版税低，那么找到你的这几家是不是都是这个价格？"

很多时候对于新人来说，没有太多的选择余地，你能决定的只是：出版，或者不出版。找你的编辑开出的条件都差不多，编辑的水准也差不多。所以，与其担心是选 A 还是选 B，怎么把版税争取多一点，不如先问问自己，我打算出书吗？我出书的目的是什么？

想清楚这个，才能回到出书的基本原点。

大部分人的第一本书都只是一个起点，就好像我们高考选的大学和专业一样，它或许有一点决定作用，但真的不是那么绝对。

大部分的强势选择都和了解自己、总结自己有关，如果你能头头是道地告诉编辑，你有多少粉丝，你运营的个人账号用户黏度如何，你推荐的课程和产品卖出去多少，你自己还有哪些加分项是有助于卖书的，这些才可能是你去谈增加版税的资本。如果你还没到这一步，那么老老实实把写书当作一个最基本的起点就好。

至于以上的那些总结，你第一次可以不会，但迟早要学会。

如果你发现你遇到的都是业内没什么名气的公司，找你的全是刚入行的编辑，那其实表示目前你在这个领域的市场上就是一个没有太多竞争力和影响力的新人，你遇到的所有状况都是外界对你的看法。

资深编辑和大出版社还看不到你有多好，这就是你现在所处的位置。

你想改变外界对你的看法，就拿成绩说话，而成绩，就是你现在要写的这本书。

如果你写完一本书之后，有很多出版社来找你，这说明市场对你的价值有所认可。第一本书上市之后，我陆续接到了 31 家出版社和图书公司的邀约，其中 10 多家我都见面交流过。

这时候才是最容易迷茫的时候。

选大公司还是小公司？要怎么判断编辑拿出的想法不是忽悠？有的公司出的价格高,但是公司规模小；有的公司出的价格低，但是听着公司很牛，我到底应该怎么办？

对于我这种选择困难症患者来说，超过三个备选我就会陷入深深的焦虑。我甚至还做过一个类比的电子表格，但除了让自己更茫然之外，没得出什么结论。

与此同时，还有更多新的疑惑：下一本书我要写什么内容？我还有哪些内容可写？我真的能成为一名作家吗？

经历了这些之后，你问我怎么选，我只能说，各有利弊。

在你没有选择权的时候，找你的大部分都是小公司，或者是你听说的比较牛的公司里的新人编辑。

他们都有一个特点，就是有热情，但没有太多的资金。

这个资金不仅仅是付给你的版税比较低，还可能包括封面设计费用也比较低，因此封面可能不尽人意；发行能力也有限，因此你未必会在很多书店看得到自己的书；营销费用比较有限，所以你期待的活动什么的，往往是前期说得很兴奋，但后期真的去执行的时候，都不了了之。

新人作者能做的就是配合编辑的热情，燃烧自己，尽量让自己的第一本书成绩好一些，因为只有这样你才会得到第二个甚至第三个机会。当然前提是，你真的决定要成为一个作者。

那些出了书就完全不管，不想出力或者不想配合宣传的作者，其实都不太负责任。

出书，就是彼此的一次合作，双方都倾尽全力，才有可能获得一定的成绩，单纯依赖任何一方都太过辛苦。

小公司还有一个弊端就是：稿费后续结算困难以及合同里有猫腻。在我看来，这或许就是新人作者要付出的代价，我也曾经抱怨过一些出版方不按照合同执行，版税不催个三五次从来都不主动结算。合同里做手脚，后续结算钻空子，也是小公司常见的弊端。我也为其他作者看过合同，列出过里面埋藏的雷点和不平等条款。但还是那句话，在你还很弱的时候，很多事其实都没有太多的发言权，而且很容易防不胜防。

大公司的好处是正规化，宣传和发行能力会强一些，但在稿费结算上也可能会有拖延的情况。大公司因为财力雄厚，所以合作的作者也多。如此一来，自然十分挑剔，一般不把新人作者当回事。换个说法，你和小公司合作，它们会把你当香饽饽，但是在大公司里压根儿就不稀罕，反正它们有的是作者。

我曾被某家出版机构的工作人员问过：“去书展做活动？你觉得你的粉丝能来多少人？我们要给你准备多少本书？”

我说：“我不知道，可能 100 人？”

对方立刻甩出一副看不起的样子说：“你不知道上次某某在

这里做活动，签名就签了 700 多本，你怎么才 100 人？你可别现场就弄个 20 多本出去，那我们可是白忙活一场。”

我没敢回嘴，因为我也不知道到底能来多少人。

在一个小地方，当你有点成绩会获得许多恭维；等你到一个大的地方才发现，原来自己什么都不是，当初积累起来的一点自信，也会荡然无存。

建立自信？呵呵，谈何容易。

这就好像一个一直盼着升级的游戏人物，突然间有一天捡到了一个装备可以升级了，然后加入了一个组织之后才被告知：恭喜你，你现在是本组织级别最低的那个。

这其实就是竞争和对比，而这两点，也一直都存在于这个残酷的世界里。

不论前期你经历了什么，最终还是取决于你写什么。

我一直使用电子表格列框架的方式写书，用 3 个月的时间让自己沉浸，打好腹稿，反复修改定框架结构；尝试每章都写一两篇文章，放在交互性的平台上去看看网友的反响；再用一两个月的时间去集中写作，每天给自己规定一定量的写作任务，强迫自己必须完成。

当书稿如期写完之后，恭喜你，你才走完了第二步。

出书是一个曲折的过程，甚至很多过程都不能以作者的意志为转移，尤其是当我还只是一个新人的时候。

责编很辛苦，他既是你的伙伴，也很可能是你的敌人。虽然编辑有修改的权限，但很多时候的决定权不是来自编辑，可能来自编辑的上司或者合作方的老板。

从书名到标题，从封面设计到内文排版，不同的人对这个题材会有不同的理解方式。作者这时候或许要在一定程度上放弃自己的作品意识，去听取他人的修改意见，甚至有时候不得不折中自己的要求。

我曾听过有的作者要求编辑保持自己的作品原汁原味，不要做大幅修改。我自己也曾经有过这样的纠结，甚至在出版第一本书的时候，编辑应上司的要求把文章的题目都改成了励志型的金句，让我非常生气，记不清有多少次我们两个在 QQ 上吵得不可开交，甚至有很多次我都气到说："如果不能按照原样出，我宁可不出，毁约赔钱我认了。"

出书，和你从事的任何一门工作一样，都需要面临与人合作，信人用人，依赖伙伴，又要表达自我。

如何沟通，如何达成一致，这和我们在工作里遇到的难题，本质上是一模一样的。

每一本书都一定是集体的决策和彼此让步的结果，它可能带着很多遗憾，接受遗憾和不完美，才有可能得到最好的结果。出一本书，就和做一份工作，或者经历一次人生一样。哪有那么简单！

你要经历选择、付出、沟通、妥协之后，迎来一个结果，然后你还需要拿着这个结果，开始提升自己和总结自己，让结果扩大化；开始学着规划自己，让结果呈现系列化；在磕磕绊绊里总结规律，让自己的路走得更长一些。

出第一本书那一年，我 35 岁。

在职场上是个老人，在出版圈和作者圈，我还是个新人。

书上市后，我和责编做了一个小约定，如果 3 个月卖掉 30000 册，我就请参与过这本书出版的所有人吃饭。

那其实不是玩笑，那是我在内心对自己设定的一个探测器。

我对自己一直没信心，我需要设定一个值，让自己相信“我可以”。

也就是从那时候开始，我害怕了。

后来，书卖得比我想象的要好很多，但我的怕并没有减少。

当时励志类的书火了，市面上紧接着出了 30 多本同类型的书。

我很担心这个市场会烂掉，大家还会看这种书吗？是不是见到就反胃？

其实我也不知道自己能写多久，或者这个所谓的名气能到什么程度。我明明还在回信里批评那些刚毕业的迷茫一族，但在当作者这条路上，我也一样很迷茫。

以前我总喜欢说顺其自然，但后来发现，没有规划就会缺乏动力。

任何事情都会先甜后苦，最初的那种兴奋和激动其实很难维系，支持你坚持走下去的，一定是你规划的目标。往近一点说，是阶段目标；往远一点说，是理想和愿景。

不论是混职场，还是出书，此理皆同。

很多事，你开始去做，或许都是源于意外，而你能否坚持去做，一定是源于你是否想清楚了，是否明确了方向。

有时候，你想做的事情和你能做的事情或许不是一件事，就好像曾经你喜欢的人，和最后与你结婚的人，未必是同一人一样。

我们或许都会经历逆反、迷茫、放任自流之后回归；我们或许也都疑惑过：为什么事情来得那么突然，就不能等我做好了准备再来？可最后，你只能用“一切都是最好的安排”来说服自己。

因为，总会有人能够积极地应对变化，重新让生活风生水起；自然也有如我一样的蠢人，自己和自己斗争了半天，才磕磕碰碰找到了出路。

人生，哪会给你时间准备？

/ 有的成功源于某个机会 /

虽然我已写了 3 本书，但当我去回忆的时候，或许只能说：我只是获得了一个好一点的机会。

我能有机会出书，要谢谢那些开创了短篇写作出版趋势的作者，没有这些前辈带动出版趋势，我们这些草根作者其实是很难出道的。

我是一个挺容易悲观的人，所以很多时候我都觉得，不成功是常态，成功是稀奇。

现在依旧有很多想出书的朋友问我，到底要怎样才能出书？到底是选择重要，还是努力重要？

其实，我想说句不太励志的话：可能许多年后你终于搞明白了如何制定目标，懂得大目标和小目标之间的关系，你回身凝望，或许会觉得过去傻傻努力的自己很可笑，在错误的方向努力再多有什么用呢？

我知道一定有很多微信公众号文章或者书籍，都这么告诉过你。

但我觉得，在你还不知道目标为何物，甚至都不懂怎么去制定目标之前，努力是你唯一能做的。

那些说着迷茫、困惑，甚至不知道明天在哪儿的年轻人，只能做好眼下能做的，而努力在这个当下，是唯一能做的事。

我自己也会偶尔犯这种傻。回望自己写作的过程，觉得自己在豆瓣写了 7 年的情感故事，真蠢。如果早早写职场，是不是早就红了？

人生哪有那么多的如果，当你把所有的如果都只想到好的一面时，那就是在做白日梦了。

反过来想想，如果提早写了职场类文章，那时候我自己的职场积累都不够，写的内容也一定会平淡无奇。而且那时候大家对职场的关注度还没那么高，内心里对情感故事的需求还很迫切。

所以，是读者在读够了恋爱故事之后，是那些在原本读恋爱故事的人们长大了，要工作了，或者工作了一段时间之后觉得需要一点职场经验了，而我刚好在这个时候出现了。

那时候豆瓣又刚好重视这样一个功能栏目，因此给了我推荐。

我那时候又刚好创作欲旺盛，于是才有了一篇接一篇的职场故事，才有了后来的出书。

想想这些偶然，似乎缺少了哪个，我好像都不会出头。

机会，是随机的，是偶然发生的。

作为普通人来说，能做什么？难道只能等着吗？

有一些书会告诉你，在等待的时候要提升自己，要变成更好的自己，要足够努力……

我没那么多大道理，因为我也不知道下一个风口在哪儿，没办法告诉你为了能在下一个风口起飞，要提前学好什么样的技能。

过了 40 岁之后我才明白，那些为了缓解焦虑去学的技能，最后平复的只是害怕和焦虑的心。

就如你因为焦虑去读的书和上的网课一样，你学完之后未必会有自信，可能你学得越多，反而会越焦虑。

你为了迎接下一个风口的来临，去学了游泳、学了跑步，结果下一个风口其实要求的是脱口秀的本事。

我不敢说这样的你做错了，但有一点我希望提醒你：在你频繁更换爱好，希望和风口接近的时候，在你开口闭口就是提前布局、打造矩阵的时候，先回想一下自己出发的原点吧！

问问自己，如果风口没来，或者你学的这个东西和风口没关系的时候，你还爱这个东西吗？

学习，可以有目的性，但最好不要有投机性。因为投机，拼的是以小博大。一旦获得不了“大”的结果，人们就会迅速放弃“小”的投入。

其实很多小的成功和努力能被人看到，往往是源于最开始的爱好。就像我爱好写作和做电台，在出书之前就是这样，而且长时间投入于此了。

在我还只是一个“小白”的时候，我其实没有那么多定位和规划，没那么多千奇百怪的想法。我当时最大的想法是：如果能有 1000 个人看到我的文章就好了；如果我的豆瓣关注人数能过一万就好了；如果我可怜的微博粉丝能从 3000 涨到 10 万，那就算红了吧？

那时候的想法多简单，就是被人看到就好了。

而能被人看到的方式，或许每个人都不同，有的人擅长自拍，有的人擅长写文章，有的人擅长做短视频。

保留你对这份“爱好”的热情，持续去做就好了。

在出名之前，其实很多普通人要的仅仅是支持。

有人路过点个赞，有人留个言，甚至有人对你说“真棒”，这些就是了不起的支持。

所有的爱好，在最开始被人看到，被人肯定之后，是幸福感最大的时候。

之后可能有的人会变得膨胀，有的人会陷入患得患失。

我是两者都有。

当我第一篇文章被人转发，阅读量过万的时候，我从兴奋到冷静，很担心自己再也写不出这样的文章。然后就继续写下去。文章留言很多，反馈也很多。

我吃饭的时候想着写文章，睡觉之前想着写文章，甚至看个电视剧也在想，这个可不可以写个职场版的？这个题目这样写会更好玩吗？反正那时候自己也不红，没什么包袱，更谈不上什么风格，那就从深情的风格换成搞笑的风格试试，看看大家反响怎么样。于是我写过《甄嬛传》的职场版，写过《我是歌手》的职场版，甚至还把我和健身教练的沟通写成了职场心得。

这些写作的出发点，只是因为喜欢。

在微信公众号还没开始流行的时候，我的心态一直都挺稳定的。豆瓣的阅读数字是只有作者可见的，读者只能看到这篇文章的点赞量和留言。

我自己所谓的小窃喜，更像是自嗨，在笔记本上开心地写着：这篇文章有 4 万人读过了，4 万人哪！

哪怕，没人知道他们是怎么来的，我也没敢细想过，这些人到底是因为我的文章好而来，还是因为网站的推荐而来。

那又有什么关系呢？

4 万人，那是个做梦都不曾想过的数字……

开心做事，这比什么都重要。

成名，是非常偶然的一件事。在没有成名时，把你擅长的事情变成爱好，用心去琢磨，用心去爱，善待每一个留言的人和随手点赞的人。因为这种感动，或许日后不会再有了。

/ 第五章 /

再学习：你的人生，有多少种可能

你是否想财务自由、人脉自由、学习自由、创业自由？

求学、变现、转型、创业，这些我都一一尝试过了，有成功，亦有失败，在这里我将它们汇总成一份小小的总结，送给你。

/ 再学习，不仅仅是镀金 /

我在 37 岁那年做了两个十分重要的决定：一、我计划用半年时间去做 50 个一对一的职场咨询；二、我想去读书。我读书不是为了混文凭或是扩展人脉，而是希望能够系统化地梳理一下自己所学到的东西，做进一步的提升。

系统化是我写完 3 本书之后萌生出的一个念头。当今是一个信息碎片化的时代，太多信息都是零碎且重复的，我们每天都在被动地接收大量的信息，光是分拣、拆解它们就已经很困难了，何谈吸收。

现在人们常说社会浮躁，人人注意力都有所下降。这是因为他们自身的系统被打乱，失去了边界及核心，才会变得漫无目的，容易被标题党所吸引，最终落入浅薄的信息洪流里。

由此可见，搭建一个属于自己的知识系统十分重要，至少你能够知道哪些是你想要的，哪些是你不需要的。这样你就不会成为贪吃的收藏者，甭管有没有用先加入收藏夹，其实你基本不会去看，因为还会有更多更新的东西去刺激你收藏和下载。而收藏和下载的目的，本来就是让你阅读和消化，不是吗？

所以，系统化会让自己拥有筛选的核心，便于梳理自己已有的信息，并进一步明确自己的未知项和不足之处。

当有了学习的意愿，我会逐步分解学习计划。我喜欢做事情有自己的时间安排和计划：什么时间做，什么预算合适，有什么期望，实际又是什么效果。这四个“什么”是我做事的靶心。我也建议你将这四个“什么”用在你所希望去做的计划上，让自己学会分拆任务，学会做“下一步”。

我按照这个计划存了些钱，并做了实地考察，明确了其中的利弊和自己所能承受的范围，最终我决定去香港大学专业进修学院（HKU SPACE）学习。在近半年的学习时间里，我有两点感慨。

一、独立思考与终身学习

想做任何事都免不了会有一个端正态度的过程。香港大学专业进修学院给我的第一堂课就是独立思考和终身学习。独立思考的能力是很多人都缺少的。不少人都觉得想太多会很累，想有什么用，领导又不听我的，我又不是领导。有想法和意见，才会有解决办法和态度。连想法都没有，你怎么会有进步呢？

此外，终身学习的观念让我很是触动，虽然古人常说“活到老，学到老”，但是人总会有惰性和排斥心理，我们总会不知不觉就停留在已有的经验面前而拒绝学习新的知识。“学习”是一个缓慢积累的过程，它和写书一样需要漫长的积累才会有产出。而“终身”是一个时间长度，当你拿一辈子的时间去衡量的时候，很多事情都会变得不一样。

在我写完第三本书之后，有很长一段时间我都战战兢兢、如履薄冰，直到有一天我自问为什么会害怕的时候，我才突然意识到：原来我一直都害怕自己来不及，我怕在我名气下降之前来不及出到第十本书。

我的梦想是写 10 本书，而当我写第一本书的时候，我就不断地对自己说：“你迟早会过气，你迟早会泯然众人矣，所以赶快写，趁着没过气，赶快写吧……”可当我把写书这件事放在一生的时间里去看时，我才发现，其实没有什么是来不及的。

你越担心什么，就越容易失去什么。你会因为害怕而失去了准则，变得更加迎合读者的口味或市场的需求。越迎合，就越容易过气。因此，我空出一整年的时间，用来调整自己的节奏，放低自己的得失心。人总要学会把自己的运气变成现实，没人能一辈子靠运气过日子。既然自己希望把写作当成一生的事业，那么让自己走得更稳更慢一些也没什么不好。独立思考和终身学习，是香港大学专业进修学院给我上的第一堂课。

二、团队永远都是你照见自己的镜子

开学典礼除了开阔视野的院长讲话之外，迎接我们的还有残酷的小组挑战赛。香港大学专业进修学院喜欢把学员分散，不同地域、不同专业的学员组队练习。我们的练习可谓五花八门，也难为老师绞尽脑汁想出那么多奇葩的题目。

例如，组建小分队拿到香港大学专业进修学院校内地图，并按照任务卡上的提示迅速找到对应地点进行拍照打卡，如果你足够幸运，还有机会捕获加分小精灵，即我们的专业导师。不知道这项任务是不是受到了游戏 *Pokemon Go*（口袋妖怪 Go）的启发，绝对是对体力和团队执行力的综合考验，大家几乎一路飞奔、一路尖叫着捕获导师。

既然有团队，那么就一定会有角色划分，会有领导者、追随者和反对者，也肯定会有怀疑、不合作、消极等情绪出现。

参加学习的学员大都是企业高管，肯定有人当惯了领导，讨厌被人领导和决策；也肯定有人创意能力不够，而成为团队里的观察者；还会有因为内心不确定，所以时刻把自己的担忧传染给团队的情绪消极派。越是场面混乱，你越要问自己，你的目标是什么？如果你的目标是拿第一，那就要快速地找准自己的角色。你要当领导者，还是当领导者的拥护者？

其实扮演什么角色都没有关系，关键是大家的目标是否一致，你能否在第一时间找到你的盟友，之后确认出谁是情绪消极派或此次目标的抵抗者。

为什么一定会有反对者？因为每个人的目的和背景不同，有的人喜欢争取胜利，有的人喜欢投机取巧，有的人喜欢无功无过，甚至还有人喜欢坐享其成。不同的心态肯定会催生出不同的反应。

三次小组任务，两轮团队更换，我一直都在扮演主动、强势的领导者角色，所以拿到任务之后我会迅速分工、决策，但这肯定会忽略其中一些人的想法。一个团队中个人的想法太多，团队就不好带，一旦遇到抵抗、不合作或挑战者，你可以先问问对方：你有更好的提议吗？有，就听你的；没有，就听大家的。

也许是前两场团队合作都拿了全院第一的缘故，我以为按照这个套路完全可以一路高歌猛进拿下三连冠。万万没想到，在完成第三次任务时我遇到了挑战。一位一直觉得个人意愿被压制的成员当场提出不合作，团队任务进入了死胡同。

坦白说，我当时几乎快被气晕了，假如是在现实职场当中，我会让对方立马走人。但当时我没有这样的权限，并且香港大学专业进修学院要求不能有组员掉队，这就让讨论陷入了分歧。

如果有人针对你，那你的提议对方都可能会反对，拒不执行是消极抵抗的最高级。在不能开除成员的情况下，我只能先不说话，退出决策者的位置，避开情绪的对立。然后我再让团队里的目标拥护者提出建议，找到折中的办法，从而让目标得以分解和执行。

这件事情对我最大的触动就是：自认为有带队能力的人往往容易陷入经验主义的陷阱，很容易表现出“我很懂，大家跟我走”的态度，忽视培养团队里的拥护力量；也可能会因为把控过于严格而不轻易授权，从而导致一旦出现反对者就容易使用清除策略。授权以及向你的核心团队示弱，是让其他目标拥护者获得成就感和信任感的关键。

任务结束后，我反思过去在职场带团队的经历，不由得倒吸一口冷气。过去的我太过强势且锋利，像一把快刀，我带头冲在前面，砍掉所有的障碍，团队跟着我一路奋进。我很享受披荆斩棘的快感，却忽略了我的队友是否已经渐渐失去兴趣，甚至日感乏味。毕竟，谁乐意一直跟在别人屁股后面呢？谁不想独自冒险，发掘自己的潜力呢？

做一个开明的领导者，鼓励下属去做，关键时刻再出手，这不仅不影响你的锋利，还可以让你的整个团队都变得锋利起来。团队合作，不是只要一个人快就可以。培养他人，才能给他人更多的机会，去挖掘他们的潜能。

后来，当我们进行班委选举时，我因为“网红作家”的身份，阴错阳差地被推选为班长。面对崭新的身份和精英团队，我要做的第一件事，就是先承认自己不行。示弱这件事，我在职场中很少做。因为我害怕一旦自己示弱，大家就会真的以为我很弱，然后反问我：你这么弱，怎么当领导？

现在我觉得，每一个团队都需要有一个共同的目标，每个成员都是因为这个目标而会聚，而非领导者。领导者只是目标的代言人，不是目标的全部。

作为一个领导者，要有良好的基础和优良的品质，包括抗压能力以及对目标的忠诚度。因此，领导者很喜欢扮演强者的角色，但只有当你承认某些地方不行的时候，你的队友才有机会帮你补齐短板，与你并肩作战。所以，示弱不过是空出你旁边的位置，让给真正有能力的人。只有这样，当团队遇到困难时，大家才能一起面对，而不是一个人死撑。

/ 让自己闪亮，别怕这个闪亮 /

一转眼我从香港大学毕业已经快两年了，40 岁这一年我又申请了企业教练与领导力培育专业（CCLD）。很多同事不理解，觉得我是有钱烧得慌；也有同事表示羡慕，觉得丁克家庭也很好，负担小，可以随心所欲。但只有我自己知道，学习这件事对我来说是终身的。学完这个专业，下一个专业的方向我都已经找好了。

前几天我翻出两年前在香港大学求学时写过的那篇文章，忽然就很想说说那年毕业带给我的冲击。我不知道大家怎么看待成年人学习这件事情，每个周末我要花两天的时间去听课，课后还要写几千字的报告，还要参加考试。有时我也不免会怀疑，自己干吗要来找罪受？

在香港大学学习的这段时间，我的确有过种种逃避的想法，为了防止自己退缩，每次我都选择坐在离老师最近的地方，尽量在老师提问时举手抢答。成年人学习，没有家长逼迫，就更需要自己逼迫自己。

许多人可能在内心把再学习这件事看得很轻，觉得不过是随便混混，主要还是为了认识一些业界精英。我在去香港大学读书前就做过自我梳理，我把结交人脉放在了第三位。

第一位是为自己的知识搭建出一个系统结构，找到更多可用的模型，提升自己的系统化思维；第二位是尝试把所学的内容应用到工作中，至少做出一个可执行的报告；第三位才是认识一些在职场上对自己有帮助，或者有可能合作的人。

我是一个不善交际的人，但我竞选做了班长，因为即便我不主动去认识别人，全班也会有至少一半以上的人能记住我。

任何一个群体都会有惯性吸引，三观相同的人才可能会走得更近。

渐渐地，班级开始出现以小组为单位的小团体，同学们也逐渐分化为积极分子、中立分子和消极分子三类人。我在这里认识了很多好朋友，有可以在事业上合作的伙伴，有生活中经常聚会的好友，还有一些将来可能会一起创业的朋友。

我成功竞选上了班长之后，就发动小组成员来竞选班委，于是我们那一组就诞生了副班长、生活委员和组织委员，成了名副其实的班委组。

不知不觉毕业季临近，我们要以小组为单位写毕业论文、进行毕业答辩。我再次被推上了组长的位置。老师让每个小组的组长上报组员，我原以为经常在一个组的这几个人应该会自动分为一组，没想到其中有两人提出要去其他组，我有点诧异。后来我打听了一下才知道，原来是学习委员自己组建了一个小组，从各组抽调了她认为的“精兵”强强组合，直奔着 A+ 的目标去的呀！

提起学习委员我印象十分深刻，她是一个看起来有些高冷的女生，平时一副学霸的样子，是班级里最容易招人嫉妒的好学生。她还曾和我一起竞选班长，但落选了。后来，她被大家推选为学习委员，我没想到此时她会跑来和我抢人，她这是想报复我吗？

虽然小组缺了两个人，但即便这样我们的人数也是足够的。于是我连忙转换话题，鼓励大家，不让士气下降。就这样，开心欢乐的第一组诞生了。

我一直信奉的是快乐学习，学习要快乐，而怎样才能让大家快乐呢？方法就是充分发挥每个人的长处，让他们做自己擅长的事。每个小组里都会有学习不好和不努力的人，这点在哪里都不例外。

我们小组里有一位同学远在哈尔滨，还有一位身怀六甲还继续加班的孕妇。香港大学的同学里，不是公司高管，就是企业老板，说忙碌，大家谁都不比谁差，所以这样的一个“忙人集团”，想要组织一次会议可真不容易。

好在麻雀虽小五脏俱全，我们小组里有处女座强迫症的学霸妹子，平时的笔记积累得特别多，被果断任命为秘书长。她迅速制定了我们的会议时间表，第一次讨论会时，我们按照所学的内容，把报告拆分，每个部分都找到相对应的应用模型。每一位组员各自申领任务，主导某一部分的撰写工作，我作为组长则负责最后的整合与串联工作。

模型有了，计划有了，剩下的就是实践。报告需要以真实的企业为原型进行探访和梳理，于是我们集体决定去哈尔滨，让那位在外地的同学也有参与感，同时也可以借用她手头的资源，做一个真实的案例分析。

我们在哈尔滨待了差不多一周，对某个奶制品企业进行了深入的考察，从企业的高管层到中层都做了深度访谈，并结合从香港大学学到的知识，对这些内容做了应用推演。我们经常开会到深夜，然后由东道主同学负责第二天催我们起床，送我们去吃早饭。其实，有时候读书最让人怀念的往往不是老师和同学，也不是具体学到了什么，而是大家一起朝着某件事情一起努力的过程。

之后的一切都很顺利，各个板块的内容陆续收上来，报告渐渐地有了雏形。我原本以为可以一直顺利到毕业答辩那天，却没想到出现了意外。

报告分成了文字版和 PPT 版本，文字版是给老师看的详细版，PPT 版本则是本次报告的精华提炼。在有限的时间里，要求必须全员参与讲解，一个都不能少，因为老师会针对每个人对报告的讲解而给出个人评分，个人评分直接关乎毕业成绩。我们团队计划让水平最好的两个人一起做 PPT 的设计工作，为此我们还特意在郊区租了一间小别墅，全体住进去，打算做一轮封闭式的拉练，计划很完美。当大家看到小别墅的时候也都惊喜连连，而谁也没想到，这会是一场争执的开始。

最初的争执来自两个 PPT 做得比较好的搭档，两人的想法都太过强烈，导致整体的进度落后不说，两个人更是针对方案吵得不可开交。我听完他们各自的理由后，觉得他们都有自己的道理：一个主张多放图，视觉效果佳；另一个主张多放文字，因为老师可以看到我们在实践中所学的内容。

原本以为一天可以做完的排版设计工作，最后两个人在讨论上就花费了大半天时间。眼瞅着天色快要暗下来，而 PPT 连个雏形都没有，大家的脸色都变得不好看。

我悄悄把那位做设计的男生拉出去，一起在露台上抽了根烟，有时候男人之间的交流，话语不如香烟来得痛快。他懂我的意思，我也懂他的焦虑。我让他在阳台待一会儿，我回去和另一位继续沟通。最后达成一致，用另一位的配色方案，由这位男生主要负责 PPT 设计。

这位男生几乎是熬到了后半夜，终于把 PPT 的雏形完成。我们全体人员又依据重点和时长做出了调整，突出了结论。接下来就到了分板块讲解的时候了，那位怀孕的女同学打来电话说，明天可以和我们一起排练。大家都兴奋极了，而这个时候团队里一位最积极阳光的女同学却情绪崩溃了。

一个班级里总会有学习不好的同学，而这位女同学就一直默认自己是学渣，我也发现她对所学的模型应用得不熟练，开讨论会她也插不上嘴。为了让她更有参与感，我让她做我们的会务长，专门负责会议期间大家的饮食安排。

而这个女生之所以情绪崩溃，是因为她害怕自己讲不好，害怕被老师的提问卡住，害怕拖了大家的后腿。她越讲越没自信，几乎要哭出来了。她一直都是我们团队的开心果，可在这样的压力面前，她撑不住了。

最后，我决定放弃自己要讲解的内容，把提报里好玩、有趣的部分内容分给了她，并且帮她设计成小品表演的形式。她很喜欢表演，之前我就看过她表演的作品，很有趣。就这样，她的顾虑解决了，我把自己放在一个主持人串场的位置。说我不担心毕业成绩是假的，但机会只有这么多，如果必须有一个人要选择退让，我愿意那个人是我，因为这也是我作为一个组长的责任。

第二天，那位孕妇也来了，大家开始为自己的讲解环节倒计时。全部彩排过三轮之后，每个人脸上都露出了满意的笑容。大家像众星捧月般围在孕妇身边，留下了一张珍贵的照片。

毕业答辩当天，我们组抽到了第一个出场，全组人员都非常紧张，我在后台一个劲儿帮大家加油打气。在预备上场之前，大家把手搭在一起，犹如球赛开始之前的加油仪式。在那个瞬间，手心手背叠加在一起，产生了一股巨大的力量。我忽然觉得，什么报告啊、分数啊，都变得不再重要了，重要的是我们这些来自各行各业的陌生人，因为学习和成长的目标，在这里相遇，一起学习，一起做作业，一起考察，一起熬夜。我们打闹过、争吵过，也害怕过、迷失过，但最后我们还是把手握在了一起，这种同学情谊比成绩更重要。

后来，我听说学习委员的那一组也是吵翻了天。她本以为强强联合可以创造出 1+1>2 的效果，可谁知优秀的人太多，人人都希望做领导，最后吵得不可开交。

每个人都会在毕业报告上交出自己的答卷，而毕业这个命题，是香港大学给我们上的最后一课。它让我们清楚地看到，你要什么，你得到了什么，你在这里付出了什么，以及团队是什么……

最后，学习委员那组的提报非常精彩，据说拿了 A。我们组的提报只拿了 B，但大家依旧特别开心。结业后，我们一起去了香港，很多同学都在香港大学的主题墙前拍照留念。学习委员看到我后，亲切地打了招呼。我则逗趣地说："怎么，不烦我啦？不从我手底下挖墙脚啦？"她大笑说："我还以为是你烦我呢！"最后我们两个人相互对视，哈哈大笑起来。

毕业了，从此以后，这些人、这些事都成了过往。原本亲近的同学会再联系吗？原本不太熟的同学会不会形同陌路？

我们小组的几个同学至今都还会抽空相聚，也许几年之后，大家已经记不起我们当初学过的理论和模型，但在香港大学的这最后一堂课——毕业，它教会我们的东西，足以让我们受用终生。

/ 知识网红的心经 /

前不久，有一位在头马演讲俱乐部和我一起做演讲的朋友对我说，过几天她就要正式辞职了，打算以后专门经营个人品牌，重点以整理为主。她之前参加了关于整理师的培训，也做过整理的上门服务，但因为一直有工作，所以根本无暇去经营个人品牌。最近她因为工作不顺心，也觉得对这个职位还是有些不适应，索性彻底辞职，给自己打工。

这几年随着干货文章的出现，大家是不是常会听到“知识IP”和“个人品牌”这两个词呢？那到底什么样的人才能成为知识 IP ？而你又离做个人品牌还差多远？也许这些很多人就不知道了。

我一直都觉得自己不算是什么知识 IP，做网红也不够格，但我好在是做品牌的，在品牌方面我还有一点心得。2018 年，借着知识 IP 的潮流，我做了一些事情，当然，更多的可能还是教训。因此，我用反问的方式帮这位朋友梳理一下。

我问她："假如你要做个人整理师这个品牌，估计你得考虑一下，你自己有什么，以及你那里和别人有什么不同之处。因为做整理的人太多了，参加一个培训班，毕业了都是整理师。所以，要找到自己的独特性，并针对特定的人群去做课程的升级，比如针对单身人群、新手妈妈……

"当然，你还可以从个人风格上，或者易操作这个地方下手，比如，一分钟整理术，脾气火爆的整理姐姐……

"如果没有风格化的标签和个性鲜明的产品特色，就很容易被同质化。在树立核心产品时，要找到属于自己的原则。至于落地方式和形式可以千差万别，可以是线上课程，也可以是一对一整理，甚至是视频教学。"

朋友听完后非常受启发，回复我说："哇！川叔，你做了这么多思考，看来你的个人品牌一定经营得特别好。"这句扎心的话，呛得我差点喷出一口老血。正所谓，道理人人都知道，可是去做的时候，效果却大有不同。我自己是一个脸皮特别薄、做事没常性的人，所以，做了产品也不好意思拉着别人推广，对于平台深耕和深度合作这件事，我的确不太擅长。

在当今各大平台快速更迭的时代，每个平台都有有待改善的地方。因此，频繁更换平台，四处种萝卜，不是件好事。我曾经也犯了这个错，被各种花里胡哨的平台迷了眼，看似每个平台都有合作，实际上每个平台都没有深耕，自然很难有理想的成绩。我总是急着输出内容，以为能够抢得先机，却忘了，没时间运营同样也是硬伤。

多平台维护，是需要有团队才能做到的。如果前期没团队，可以选择一个沟通比较顺畅的平台，先磨合产品。把产品变成代表作，这个比什么都重要。比较尴尬的是，我自己作为从实业出来的人，和互联网人的思维模式是截然不同的，我比较讨厌变化。互联网更新速度很快，昨天还热门的东西，今天可能就过时了。

很多人都说，网络让人变得浮躁，那是因为人们有了更多的选择。互联网每天都有新的风潮出现，而对于做内容的人来说，到底应不应该坚持，这是很多人都有的疑问，再加上隔三岔五就会有一夜暴富的传说，曾经有一年，我每天打开朋友圈都能看到各种知识 IP 在炫富。譬如一夜之间某某卖出了 100 万元的课程，谁谁已经月入 10 万元了。这种消息看多了，你说人心能不浮躁吗？

大家都听过“打铁还需自身硬”的道理，可真到去做的时候，我们又很容易被那些虚华的表象遮住眼睛。比如，谁第一了，谁又登顶了……

持续去做某件事情，特别考验一个人的耐性。而互联网平台的生命周期是否足够支持一个人长久的坚持，我至今都没想出答案。

作为一个并不成功的知识网红，我总结的标准其实更多的是我的反思，希望这些反思可以给大家一点参考。在这段并不成功的网红经历中，我发现了自己的很多短板。比如，很容易被周围的人影响，进而产生急功近利的想法；特别容易把目光集中在一些投机者身上，产生羡慕、嫉妒的情绪。我既做不到像投机者那样蹭热度、抱大腿，又嫉妒人家赚到了钱，这完全是自寻烦恼。

这就好比你知道自己是一个长相普通而又拘谨的人，却还是嫉妒那些长得漂亮、唱首歌就能收获很多礼物的主播。这个世界正是因其多生态，所以才如此丰富有趣。你要尝试把目光放在和你类似的人身上，看看他们在做什么，又坚持了多久，然后获得了怎样的成绩。如果你能用分析的态度去观察对方走红的历程，你或许会变得更好。

如果现在的你依旧还希望做一个凭借分享知识，而成为知识

IP 或者创建个人品牌的人的话，那么我有几点需要提醒你：

1. 在行动前，先把自己要做的和自己擅长做的事情，以及自己的个性结合起来。如果这件事情不是你擅长的，逼迫自己去做，只会获得短期的效果，很容易后续乏力。

2. 要勤于切换视角去看待问题，即便是同样的热点新闻，也要尝试多换几个角度去解读。个人品牌也是品牌，只要是品牌就需要具有差异性。别人怎么说，你也怎么说的内容，对观众来说，他们会更加倾向于粉丝基数大的一方。

3. 在创建品牌的初期要尝试形成主题化，最好是在某一个领域抢占细分市场。譬如，针对上文中做整理的那位朋友，可以先抢占细分市场，为自己赚到第一个标签。一般来说输出内容都会有一个瓶颈期，当你写到自己觉得主题已经有点匮乏之后，就把这些内容做一个倒推的表格，结合点击阅读量，再看看是否可以找出新的规律。

4. 技巧很多，但不要一味沉迷于技巧，要保持持续的创作，这或许更容易出效果。蹭热点、标题党……层出不穷的新媒体技巧很容易让人迷失，并且会使人忘记什么是最重要的东西。比起这些技巧，在一个领域内持续做内容的梳理、输入和延展，更加重要。

5. 不要在意别人口中的风口，你越在意就越会追，也许最后反而迷失了自己。你不妨做一个统计，数数你到底在多少个平台上开了账号。如果你做的只是简单的内容搬运，那就把每一个平台都当作一个特色的专栏去对待，给自己设定更新的频次，不断观察，积极和编辑沟通最近平台的扶持政策，或许更有助于把握发展的趋势。不要总期待一夜爆红，想站在风口处，好歹你要先知道风来的方向。

6. 提前做好半年不会有收入的准备，不要拒绝推销自己。在没有钱，也没什么点击率的情况下，自己要如何坚持下去？你做这件事到底是为了尝鲜，还是为了其他什么目的？不要因为爱面子而不好意思自我推荐，要确信自己的这个作品可以拿得出手，要逐渐找到自信的态度。

7. 定期反省、复盘，而后再次聚焦。要结合自己的精力，找到适合自己的平台，慢慢去聚焦，或者尝试规模化发展的同时，建立自己的小团队，要逐渐把碎片化的经验成果化。借助平台的工具，输出日渐累积的新想法和逐渐成体系的内容，这样才能越走越远。

我不知道以后还会诞生什么平台，但我会尽量让自己聚焦，给自己做减法。

/ 我用最笨的方法，结交人脉 /

许多网友给我写信讨教结交厉害人物的技巧。其实我这人比较笨，又比较虎（东北话，性子比较直），没啥分寸感，至今认识到的一些人，比如秋叶大叔、古典老师、萧秋水、李海峰老师和李忠秋老师，都是用的最笨和最虎的方法。

我是通过参加古典的一个线下活动而认识的他。那时我的第一本书刚出版，因为销量比较好，所以十分自信，而且我每天都会回答读者的提问。我听说古典老师是做职业生涯规划的，所以对他特别有兴趣，想着是不是应该报名去学点什么。

我当时觉得我和古典差不多，我们都是写书的。于是我抱着这种心态去了活动现场，还拉着人家要各种签名、拍照，还向他推荐我自己的书。现在每次翻到和古典的合照，我都想杀了当时的自己。

我跑去知识管理圈儿，是因为那时干货分享还很流行。无论我写什么，在网上有许多朋友都会笑话我说："我们不看故事，我们不看鸡汤，你给我们来点干货行不行？！"

我当时心想，啥是干货？帮你把这篇文章的中心思想提炼出来，然后列成小标题，写出一二三？这样你看着就方便了？可你确定你看完了这样的文章，记得住吗？

我这人脾气特别倔，你说我不会写，好，那我就写给你看。那时候恰好赶上微信改版，自己公众号的订阅率哗哗地往下掉，我当时就蒙了，啥意思？你说要干货，我给你写了干货，你还取关我，你真的很过分啊！

当然，我心里也曾怀疑过自己，是不是干货写得太差了？可到底别人是咋写的呢？我要不要去学习一下呢？刚好在朋友圈里看到一些每天打卡、特别努力的朋友发小广告说：我参加了这个社群，我在某某社群。天哪！现在的年轻人都这么玩了吗？我也不能落后啊！

于是，我在众多的小广告里看到了秋叶大叔的名字，当时他在做 IP 训练营。我一看价格，特别贵，但还是咬牙报了名。我心想，我好歹也算个畅销书作者了，怎么连个优惠都没有？

进群之后我更是吃惊，我原以为群里应该是各界精英满天飞，可为什么我看到的都是各式各样动不动就下红包雨、刷口号的人？这是什么意思？难道我进错群了吗？

我记得还特别心机地加了秋叶大叔的微信，怕他不认识我，还发了一小段自我介绍。他没理我。我又等了几天，决定问问他，为什么群里有很多乱七八糟的“神仙”，我一直以为群里都是写作的，或者做在线教育的，怎么现在觉得做啥的都有？你是怎么想的呢？

秋叶大叔回复了我一句话：过几天我会在群里针对这个问题做分享。又是一个“热脸贴了冷屁股”的回复。想想我花出去的钱，就更心疼了。

群里的每个人都在刷存在感，可我谁也比不过，大家好像都特别擅长总结的样子，弄得我本来想讲个故事啥的，但估计也没啥人听。于是我就先观察了几天，然后发现了一个规律：每天下午 3 点左右，群里聊天的人数是最少的；上午 9 点到 10 点之间，是聊天最疯狂的时候。

于是，我专门挑聊天不活跃的时间，把自己最近读过的一些书，或者在群里看到的一些观点，写一些感想、做一些总结，分享到群里。哼，总结体不就是工作汇报吗？我每天都在写好吗，这没什么难的！于是，每天这个时候，我都会在群里丢个“小炸弹”，然后看看谁会回复，我再回复回去。有几次，我的发言还获得了群里的“精华”，虽然我也不知道那是什么意思。

我的这一行为引起了群主萧秋水的注意。那时她的知识管理课程销量在喜马拉雅音频分享平台一马当先，简直红到发紫，成了知识变现的领军人物。

她在网络上的形象比较高冷，所以我一直也没敢加她。她曾在群里说：“在我对你还没印象的时候，我不会通过你的好友申请。”

就这样，我的定期刷屏终于为自己赚到了印象分，还有好几次我都被她点名表扬了。我想这大概就是有印象了吧，于是我就加了她的微信，然后通过了。

我们私聊了一小段时间后，我才发现我还认识她的图书责编，好像还给她之前的一本书写过书评，就这样，我们又亲近了一些。

萧秋水是我在干货知识分享圈里最希望结交的典型人物。比起知识分享，我更在意的其实是分享者的逻辑及思维方式。干货知识类文章之所以能够盛行，其背后的支撑，其实是更理性的分析方法。而网友往往追求的是其分析的过程，至于自己能不能做到，大家却不一定真的关心。

那到底要怎么做才能保持理性思维呢？用什么视角去看，做什么样的练习才能够提升自己的理性思维和总结能力呢？而这些都是我想问她的，但我觉得在网上聊得不尽兴。怎么才能有机会和她线下见面呢？没机会的时候通常只能等。

慢慢地，我等来了一个机会，听说她报名参加了李海峰老师的 DISC（人类行为语言）课程。我查看了一下课程的价格，心想：反正之前的大钱都花了，也不差这一笔了。于是我也赶紧报了名。关于李海峰老师的 DISC 课程，已经变成了知识管理圈的一个传说。

其实这门课程更偏重于人力资源部门，但它的社群做得特别棒，非常值得借鉴。当时很多知识达人也都看到了社群运营的苗头，预判出未来付费社群的趋势，纷纷去报名学习。知识分享的达人们都希望以后能去做培训，那么提前和企业做好链接，也是非常有必要的，于是一传十、十传百，最后导致该课程变成许多人线下见面的一个大会。

李海峰老师也是非常有能量和号召力的，他特别细心，听说我报名参加，他果断地把我的书作为送给学员的礼物，给我刷足了存在感。就这样，我参加了两天课程，不但认识了李海峰老师，还和萧秋水做了同学。

线上的交流始终不如线下的交流全面和立体。我们利用下课时间聊了很多，还一起吃饭、喝酒。没过多久，秋叶大叔来了北京，还组了饭局，因此我认识了李忠秋老师，很意外的是那天古典也去了。我的人脉圈就这样建起来了。

不久，我又参加了 DISC 的复训，秋叶大叔成了我的学弟。临近元旦，好多人都去了秋叶大叔家一起跨年。我也因此认识了秋叶大叔、鲸打卡创始人贝金雨、理财师赛美，还有沟通专家小荻、百天训练营品牌的战隼老师，而交流也就这样开始了。

春节后不久，我收到了秋叶大叔的提议，说要开个新公司，问我要不要一起来做个小股东。我对这件事完全没概念，就看了一下其他股东的名字，发现名单上都是上次认识的那些朋友，我自然是非常有兴趣参加的。人生第一个当股东的机会，就这样交托出去了。

此后，我开始做 IP 训练营的营长，写作训练营的嘉宾，知识 IP 巡讲的嘉宾，古典老师橙子学院活动的分享嘉宾。每一次沟通，对我来说都是触动和学习。我开始变得更加理性，懂得了更多逻辑。

以前我总觉得认识大咖（行业的代表人物）是一件特别困难的事，后来我发现，最难的事是如何保持聊天的热情。或许结识朋友的确需要一个契机，也许大家互赠礼物，彼此之间买买吃的，都是非常有趣的事情。但这些私交不能替代你的想法和你看事情的角度，以及你接下来探寻的目标。

人会因为看法一致而成为朋友，也会因想法互补而成为朋友，但不会因为对方有想法，而你只是附和，或者你永远作为一个提问者，而与你成为朋友。你需要不断地提升自己，让自己有想法，让自己的能量值保持在上升的趋势，这样你们才会有相同的语境。

认识大咖或许需要一些方法和策略，但我却只有笨方法，维持和他们的关系除了日常联系之外，更多的还是需要思想的碰撞。同频比打招呼更重要。尝试深入地思考和看待问题，比日常的闲聊更容易加深彼此的印象。定期让对方看到自己的变化，也许比你在朋友圈里晒九宫图更容易被记住。

很多厉害的人物其实并不神秘，而所谓的朋友一定是互相滋养，不是单纯的输出。希望岁月在前行，感情也能逐渐累积，愿三五年后，大家还能在下一站会聚。

/ 200 多小时职场咨询，我总结了这 3 点 /

迄今为止，我已经完成了 200 多小时的职场一对一电话咨询，这期间我还换了一次平台，因为有一个平台撑不住倒闭了。

互联网时代的快速崛起和消亡，都好像是一夜之间的事。一夜之间，满地都是知识 IP，好像所有人都是干货分享者。有学习热情高涨的人，也有更多的焦虑者，这些无处安放的焦虑要怎么办呢？读文章已经不能满足人们的需求了，而且文章读得越多，反而越焦虑，如果能找个人好好聊聊，就成了值得一试的办法。当初第一个咨询平台来找我聊的时候，就是这么说的。

我因为写过职场书，被许多平台的人关注，先后曾有几个平台向我表示诚意，我最后只能从聊得还不错的、见过面的平台开始，在大家彼此都还不太熟悉的情况下，敲定了一家。

我至今都很感谢那个乐意给我机会的平台，虽然最后不知它是因为融资还是其他原因倒下了，但它为我打开了一扇和咨询有关的大门。这种模式被更多的投资人看到，原来花一点费用，就可以和一个过来人聊聊天，交流经验，由此也诞生出了更多的互动分享平台。

后来我发现了“在行”这个平台，于是就停留在了这里，成了“在行”的行家。

200 小时是我最初设定的终极目标。我喜欢先给自己定个小目标，再给自己定一个终极目标。再从这两个目标的差距之间，给自己定下一些阶段性目标，并且给每个阶段设置不同的奖励以及庆贺方式。

这 200 小时背后的咨询者都是一个个鲜活的普通人，他们带着各式各样的迷茫、困惑和烦恼而来，也带着自己的思考继续上路。每一次的电话咨询，都是一个参与别人人生的过程，这个影响是双向的。对他人来说是一个解惑的过程，对我来说也是一个自我提升的过程。

比如最开始的阶段，我不知道怎么去分配时间，更不知道如何让咨询对象提前做好功课。于是我只能边听边记录，再分析，然后给出建议。后来我发现，许多人其实并不是在寻求答案，而只是希望找寻一个宣泄的途径。

一开始我不知道如何引导咨询对象，甚至不知道如何适当地打断对方。结果对方越说越多，甚至离题万里，等到我开始谈论的时候，时间已经不够了，我就只能延长时间去解答。还有，最开始我也不知道自己的上限在哪里，那么多咨询订单扑面而来时，我并不知道该如何筛选，也不知道一晚上能够接待几个咨询对象。于是，我曾经有一个星期，每天晚上做两个咨询，最后自己都累得喘不上气来……

在这些漫长的交流中，我渐渐找到了属于自己的咨询方法，以及可以给对方提供的咨询建议。我从这 200 多小时职场咨询中总结出三个要点。如果下次当你陷入迷茫，希望找个职场前辈聊聊的时候，不妨也先问问自己这三个问题，也许在你自问自答的过程中，你就已经豁然开朗了。

一、任何时候都要提醒自己：你的目的是什么？

一场咨询的时间十分有限，每当有人预约，我都会在后台私信提示对方：写下你的个人情况，并提前想好你最想问的一个问题。

为什么是一个问题？因为一小时最多也就只能解决一个问题。也许这个问题会牵连出很多其他小问题，包括你的思考模式、做事方法，在这个抽丝剥茧的过程里也许我们会共同发现答案，所以问题不能太多。

为什么我希望你提前想好你最想问什么？因为我是在提示你，不要忘记你来的目的。没做过咨询的人可能会存在两种极端情况：自己说和让你说。这两种情况都可以理解。

喜欢先自己说的人，大部分的咨询目的都是希望解决情绪问题，更希望对方能感受到自己的心情、痛苦，甚至是委屈。但职场咨询并不是心理咨询，我们也无法帮你迅速地摆脱负面情绪。

打开自己的心扉，的确更容易接纳新事物，但不经过引导的叙述很容易变成吐苦水、发牢骚，最后演变成咨询对象一个人的一场情绪发泄大会，那留给咨询师的时间就非常少了。如果你只是需要一个缓解情绪的出口，那倒是可以尽情地倾诉；但是，如果你还期望能解决实际问题，那就不能占用太多的时间。所以，我会在咨询对象倾诉的过程中尝试引导，如果对方并不能因此调整自己的叙述方向，我就会主动打断倾诉，并尝试让对方回到自己最初希望解决的问题上。

另一种让你说的人，或许平时就不太善于表达，或者觉得咨询就是讲课，就是让自己开悟。遇到这类咨询者，一般我会通过详细询问对方的个人情况，逐步完善已经做好的思维导图架构，在一问一答的过程里逐步分析出对方最希望解决的问题，之后再找出重点，有策略地进行沟通并给出建议。

找人咨询需要有明确的目的，为他人提供咨询帮助也需要清楚对方的目的。做事之前，先提醒自己，我的目的是什么，这是十分必要的。因为目的越明确，才越容易达成。

二、当自己觉得搞不清楚的时候先问一句：是不是我的逻辑出了问题?

我曾经在后台收到过一篇洋洋洒洒近 3000 字的私信，叙述了咨询者的个人情况，还包括她童年时期产生的家庭阴影，以及求学时期的自卑心态，如今走入职场之后也是种种不如意。我看完之后非常同情她，于是回信对她说："可不可以把你刚刚写的这些事情，用条目的方式列出来，再用条目的方式总结出你认为的缺点和优点？"

当她按照这个方法做了之后，有点尴尬地回复我："川叔，我貌似写不出那么多点。"我回信道："你尝试把某个点做深入分析，比如第一条你可以写成：我觉得我是一个自卑的人，造成我自卑的理由是……第二条你再写：我觉得自卑这件事对我的影响有……"

我为什么要逼着别人这样做呢？因为这是一个自我整理的过

程。条目式总结可以避免情绪化，以理性的方式审视自我。而且条目式总结可以合并很多同类项，让自己不再停留在平层的角度去思考，要么更深入分析，要么总结出答案。我们希望解决问题，就首先要说清楚自己到底有什么问题。一个人如果能搞懂自己的问题出在哪儿，那么或许就离解决问题不远了。

现代人都很急，一急起来容易逻辑混乱。你去医院挂号，医生问你哪里不舒服，你说你全身都不舒服，请问这该给你看什么科呢？如果你捂着肚子说疼，那是皮外伤，还是内伤呢？是上腹部疼，还是下腹部疼呢？你越能条理清晰地说清自己的状况，别人才越知道该如何帮助你，不是吗？

三、那些过来人值得你借鉴的，是技术和经验，还是路径？

2018 年有一句流行语叫“听了那么多道理，却依旧过不好自己的一生”，这句话可能也是很多人对咨询持怀疑态度的理由。他不过就和我唠叨一小时，能帮我什么？说大道理谁不会，关键是对我有用吗？这两个问题是许多咨询者内心最常见的疑惑。

其实在网上有很多厉害的人，他们之中大部分都是有经验的过来人，包括那些职场里的老手。你在咨询他们之前或许要问问自己，你希望向他们学习的是什么？有哪些东西是可以“复制”或者借鉴的？有哪些东西是可以利用他们的眼光帮你判断的？你的计划里还有哪些是希望他们可以给你指正的？哪些经历是只属于他们个人，你无法复制的？他们的眼光和判断是否对你要做的事有帮助？他们的意见是否对你正在做的事有用？

如果之前两点总结，都是让你说、让你总结的，那么咨询的最后一点提示就是：你要学会如何提问。如果你希望借鉴对方的经历，那么你需要找到你最想了解的核心问题。最好自己先做一些功课，毕竟普及知识和有针对性地讨论是两回事。

比如，与其请教秋叶大叔如何做好 PPT，不如多问问他如何把 PPT 从一项工作做成了一个团队，中间遭遇了哪些弯路，做过哪些尝试，带领学生创业团队的心得又是什么。

你现在没法和秋叶大叔去瓜分 PPT 市场，但是你可以学会如何在有了一个产品之后，以产品组建团队并且发展出附线产品。你要学习的是路径。

如果你希望借用对方的经验和眼光来判断你想做的事情，那你最好有一个全面的梳理，不要还没想明白就开口发问。比如，与其请教萧秋水如何做好自我知识管理，不如先研究一下她在喜马拉雅的音频课程，之后再聚焦到如果你要做一个网络课程，需要准备哪些东西？主题、立意、逻辑，如何搭建？你要学习的是过程。

以上就是我经历多次职场咨询之后的心得体会，不知道你是否从中学到了什么呢？

/ 后记 /　写给未来的某一天

自从我发现自己的书可能是个许愿板之后，我就一直在想，对于这本书，我要许什么愿呢？毕竟前 3 本书许的愿望，写完没多久就实现了！

许多年前，我最大的愿望是开家咖啡馆，最好是在一条不知名的小街上。咖啡馆临街的一侧是木头做的窗子，窗下放着很多好看的花。咖啡馆内的座位不多，但是客人不少，大家聊着天，发发呆。最主要的是，我还可以在店里放自己的电台节目。

后来看到了很多咖啡馆倒闭的过程，知道了什么叫作烧钱不赢利，我就渐渐打消了这个念头。有时候我觉得成长是一件很可怕的事情，可怕的不是我们会从投资回报的角度来看待问题，而是在现实生活面前，我们逐渐丧失了自己的想象力。有些事，因为没钱，所以想都不敢想。有些事，因为不赚钱，所以想都不要想。

开咖啡馆的梦破碎后的很长一段时间里，我的人生进入了没有画面感，只有表格和利润的阶段。我忙于赚钱，存款开始增多，直到某一天我问自己，你攒钱的目的是什么？我居然答不出来。

我曾在想做某一件事之前会先在脑海里描绘出画面，而头脑里的感性，在这几年都被理性压缩得荡然无存。后来，我在学习一个引导课程时，引导师问我："想想 10 年后的你在哪里？那时候是什么样子？"我发现未来无法想象，我都被自己吓到了。

再后来，我学着让自己做梦，始终想着以后我退休，不在任何一家公司上班，我应该是什么样子，那时的我要做什么呢，我最想干什么呢？于是我就想到，开一间民宿客栈，在类似大理这样的地方，但前提是一切都不要那么商业化。

啥叫民宿客栈？我觉得就是多盖几间房子，和朋友一起分享。也许房间只有 7 间，但每一间都有不同的主题。没客人的时候我会每天换一个房间住，从第一间睡到第七间，刚好一周，这就是要 7 间房的理由。

每年选季节最好的时段营业，大概半年多，剩下半年气候不好，索性关门，画画、养花、撸猫、遛狗。有房间就要有一个大院子，院子里要有树，这样我就可以早起扫院子。在进门的地方写着：欢迎回家。旁边是一间小厨房，命名为：川叔的鸡汤馆。暖心的鸡汤，谁回来了，就盛一碗。希望到了那个时候，大家不会在网络上这么反感“鸡汤”两个字。

7间房间都要有连廊，这样下雨的时候还可以在连廊里看雨。二楼要有一个超大的露台，阳光好的时候就晒被子和床单。我喜欢白色床单在蓝天下的样子。那时候的我，应该是一位留着小辫子和白胡子，穿着宽松大褂的老头儿吧！不怎么发火动气，每天笑眯眯地对着来往的人说：“哎哟，好久不见。”下午时分喝喝茶、聊聊天，你乐意和我说你的心事，职场里闹心的、婚姻里烦心的，我也乐意为你提供一次免费的咨询服务。如果有机会被邀约去讲座，我就换掉宽松的大褂，穿上正装西服，戴上礼帽，郑重地出发。如果不用外出，我就画画、做广播、写写文章、写写回信。这样是不是也挺好的？

这个小小的梦想，我反复想过很多次。那一定是在一个三四线小城市，最好还靠海，气候宜人，我已经有了不少存款，不用为生计发愁，也不用担心运营状况。我已经有了一点小小的名气，可以通过发微博的方式让别人知道我的店，而不是找人做广告。

以前总觉得未来挺远的，可真的细想时又发现，不论远近，我都没想过未来的样子。那时候的我怎么样了，是带着什么样的心情在生活？当你无法清晰描绘它的时候，你就会觉得当下很茫然。存钱不知道为了什么，买了名牌就能证明自己有钱了吗？有了车和房就找到幸福感了吗？有了孩子就真的婚姻牢靠了吗？总吵着说自己的人生要自己做主，可一旦真的自主了，却发现根本不知从何下手。远方没有目标，手里没有当下。这大概就是如今很多人迷茫的问题所在。

最近半年我一直在问自己，写书到底是为了什么？我写 10 年也不一定能大红大紫，那这 10 年我要怎么过？我要凭借什么样的信念让自己写下去呢？后来我突然冒出一个伟大的念头，我要影响一亿人。然后我又赶紧打消了这个念头，悄悄对自己说：别人的小目标是一个亿，可你不是别人啊！我理智地想了想，然后悄悄在心里写下了一句话：我希望可以影响 1000 万人。

迄今为止，我已经出版了 3 本书，有卖得好的，也有卖得不太好的，销量加起来差不多有 70 万册。除此之外，前几年合集很流行时，我前前后后参与了 12 本合集书。所谓的合集书，就是我的几篇文章被编辑采用，跟着一大堆作者一起出了本书。有的作者比我有名，比如“领英网”出版的那本合集里就有徐小平等领军人物。

这些合集书加在一起至少也有 30 万册的销量，这么算下来，我也是一个百万级畅销书作家啦。当然，这只能说给自己听听。我始终相信，文字是有魅力的，也讲求缘分。在人生适当的时间，如果去读书，刚好读到了适合的文字，就会对自己产生很大的影响。这个影响或许是当下的一次心动，或许是一个习惯的改变，更或许只是一个新鲜的尝试，但能有改变，就是最好的行动。

我希望未来每一年，至少每两年出一本书，写作 10 年，只要还有出版社愿意出版我的书，我就坚持写下去。除了这些之外，我还有一直在做的电台节目、更新的微信公众号、在线课程、和别人合作的训练营，以及线上写的专栏。把这些都算上，从 40 岁到 60 岁，再做 20 年，应该就可以达到目标了吧。

找到了一个目标，然后朝着这个方向前进。目标要和你最想做的事情有关，要有一定的可实现依据，也要有挑战空间，还要有利他和利己的情怀，最后相信自己用一生的时间足以完成，这就变成了愿景。

很多企业的愿景听起来很空洞，好像几辈子都不一定可以完成，其实那只是老板的期望，或者是某个行事准则。

每个人都可以看作一个单独的企业，你希望制定出自己的长期目标或个人愿景，就需要有分析、有判断、有基础。然后，当你觉得这件事情是可以达成的，你就要说出来、写下来，让自己相信你会把所有的事都找到和这个目标相关联的一致性。最后，这个目标会让你找到自己的使命感和信念感。从此，你做的每一件事都有意义，都是朝向目标迈出的一小步。

影响 1000 万人是我未来 20 年要努力的目标。希望 5 年后、10 年后的自己看到这一小段文字，不会觉得羞愧难当。开一家拥有 7 个房间的民宿客栈，做一个用心生活的老头，这是 20 年之后我的样子。希望 20 年后的自己，看到这段文字不会觉得错过和后悔。

一个人对另一个人的影响能有多大呢？有时候像星火，倏忽而逝；有时却像火炬，让你在漫漫长夜里辨清方向。

最后，希望读到这里的你，也能渐渐找到未来的方向。

我是小川叔，感谢你陪我走完这一段路。